智昕版

狼道

成————功————之————法

杜跃立 编著

中国出版集团 | 全国百佳图书
中国民主法制出版社 | 出版单位

图书在版编目 (CIP) 数据

狼道：成功之法：智听版 / 杜跃立编著 . — 北京：
中国民主法制出版社 , 2019.11

ISBN 978-7-5162-2102-0

Ⅰ . ①狼… Ⅱ . ①杜… Ⅲ . ①成功心理 – 通俗读物
Ⅳ . ① B848.4-49

中国版本图书馆 CIP 数据核字 (2019) 第 229293 号

图书出品人 / 刘海涛
出 版 统 筹 / 周锡培
责 任 编 辑 / 梁　惠　鲁轶凡

书名 / 狼道·成功之法（智听版）
作者 / 杜跃立　编著

出版·发行 / 中国民主法制出版社
地址 / 北京市丰台区右安门外玉林里 7 号（100069）
电话 / 010-63292534　63057714（发行部）　63055259（总编室）
传真 / 010-63292534
Http: // www.npcpub.com
E–mail: mzfz@263.net
经销 / 新华书店
开本 / 32 开　880 毫米 × 1230 毫米
印张 / 6
字数 / 140 千字
版本 / 2019 年 11 月第 1 版　　2019 年 11 月第 1 次印刷
印刷 / 山东汇文印务有限公司

书号 / ISBN 978-7-5162-2102-0
定价 / 32.00 元
出版声明 / 版权所有，侵权必究。

前　言

狼来了。它深沉而豪放，忧郁而孤独，幽怨而仁义。它，是勇猛的象征，是勇敢的代表，是忠诚的化身。

它在草原上纵横，以自己桀骜不驯的性格，不屈不挠地生存着、繁衍着。

无疑，狼是动物界最聪明的群体之一。狼懂气象，识地形，知道选择时机，会权衡敌我实力，擅长谋划战略战术，能够遵守纪律……它们的聪慧是许多动物所不能及的。

在辽阔的草原上，只有那些最强壮、最聪明、能吃能打、吃饱时也能记得饥饿滋味的狼，才能顽强地活下来。在它们眼中，生命不在于运动而在于战斗。哪怕同世界上最高等的动物——人类战斗时，它们也毫不惧怕。明知敌人比自己强，也从不畏惧。

在狼身上，我们能看到一种积极向上的精神。远古的人类对狼充满了崇敬，他们把狼的形象刻在岩洞的石壁上或木头上，作为图腾。他们崇尚狼的勇敢、坚韧和智慧，他们认为狼具有最高的智慧，可以与一切力量抗衡。

古人认为"道法自然"，天地万物，皆可为师。对于人类来说，狼这个物种有着极大的学习和借鉴意义。当然，狼也不是完美的，因此，我们需要"择其善者而从之"。具体来说，我们学习的是狼的各种优秀习性、本领和品质。例如，狼的忍耐力、狼的纪律性、狼的智慧、狼的执着和勇敢。

　　本书以通俗流畅的语言、生动鲜活的事例，对"狼道"进行了形象而又深刻的阐释，让读者从狼身上得到更多的启示，用狼的智慧激发内心潜能，给工作和生活注入新鲜的血液。本书编写时借鉴和参阅了大量的文献作品，从中得到了不少启发和感悟，在此表示衷心感谢！

目　录

第 一 章

狼的品性和精神

在逆境中学会生存

非洲草原上生活着狮子、老虎和豹子，它们体格强壮，动作迅猛，食量也很大。对于草原上那些体格较小的肉食动物（比如说狼）来说，这些凶猛的大家伙，无疑是它们肉食竞争中的强大对手。无论从体格、速度、力量还是格斗武器（爪子和牙齿）上来说，狼都不是这几种猫科动物的对手，但草原上的狼却没有被饿得瘦骨嶙峋的，它们常常会吃"大猫"们吃剩余下的猎物，靠着自身的灵活性还时常能够从"大猫"们嘴边抢走食物，而且通过集体合作偶尔还能围杀猎豹。

作为肉食者的狼，在这个弱肉强食的大环境下，为了延续自己的生命，在种种恶劣的环境下，它们始终都没有放弃自己的目标，即使是自己生命的最后一刻，它们也不会轻易认输。

古时项羽兵败垓下，因愧对江东父老而不肯渡江，自刎于乌江，因此错过了卷土重来的机会，后人常引以为恨事。像项羽这样一死了之，是不足以成大事的。只有在失败中寻找失败的原因，并以此为鉴，才能逆转翻盘。

再说刘邦，汉军自出关中以来，遇楚必败，但是刘邦从未因此而一蹶不振，而是在哪里跌倒便在哪里爬起来，失败了再去挑战，终于卒败项羽于垓下，开创汉家几百年基业。

话说一日，韩信在街上闲逛。一个无赖少年迎面挡住韩信的去路，故意侮辱他说："韩信，你平时腰里总挂着个宝剑，能干什么用？别看你是高高的个头，其实不过是一个外强中干的懦夫。"围观的人都哈哈大笑，而韩信像是没有听见那无赖的话似的，继续向前走。那无赖见状，更加得意，当众拦住韩信说："你如果是条汉子，不怕死，就拿剑来刺我。如果你没有这点勇气，贪生怕死，就从我的裤裆下钻过去。"说着便叉开两腿，立在街上。韩信默默地注视他好一会儿，虽然感到很难堪，最后还是忍气吞声地伏下身子，从那无赖的胯下钻了过去。在场的人哄然大笑，那无赖也显得神气十足。但韩信却像刚才什么事情都未发生似的，起身而去。

与项羽相比，韩信的胸襟更为人称道，且不论韩信的其他功过，单凭能忍胯下之辱就足以说明韩信的大智若愚和非凡的气度。少年时这一特殊的经历锻炼了韩信百折不挠、虚怀若谷的性格，而这一性格成了他日后成为杰出将领的潜在条件。

春秋时期，吴越争霸。公元前494年，吴王夫差为报父仇领兵攻打越国。吴越两军战于夫椒，越军战败，损失惨重。越王勾践投降被俘。吴王为了羞辱越王，让他在父亲阖闾墓旁的石室里为吴王"驾车养马"。勾践夫妇小心地侍候着吴王，百依百顺，忍饥挨冻，毫无怨言。整整三年，吴王终于相信他已臣服了，决定放他回国。

越王回国后，为了牢记亡国之痛、石室之辱，不让舒适的生活消磨了意志，他撤下锦绣被，铺上柴草，餐饮时先尝一口悬在床头的苦胆。除此之外，他还经常到民间视察民情，替百姓解决问题，让人民安居乐业，同时加强军队的训练。

经过十年的艰苦奋斗，越国变得国富兵强，于是越王亲自率领军队进攻吴国，历史惊人地重演了，但这一次品尝胜利滋味的是越王勾践。他没有接受吴国的投降，夫差自杀，越国吞并了吴国。勾践成为春秋末年政坛上显赫一时的风云人物。

从此之后，勾践"卧薪尝胆"的故事代代相传、流传千古，也成为从失败的废墟中崛起的典型案例。世界上没有一帆风顺的事，任何事业的成功，离开了艰难险阻和挫折、失败的孕育，都是不可能的。因为失败可以磨炼一个人的意志，促使他走向成功。项羽和拿破仑从开始带兵打仗，都是攻无不克、战无不胜的，然而垓下一战、滑铁卢一败，使两人再也爬不起来，这就是缺乏失败的挫折教育所导致的一朝惨败便彻底失败。只有那些不畏惧失败，愈挫愈勇、屡败屡战之人才能更容易获得最后的胜利。

在三国时期，曹操联同鲍信，统军三万五千人，向黄巾军发动攻击。黄巾军兵力强大，号称百万，实际兵力亦达五十万。强弱悬殊，曹操屡战屡败，但依然越挫越勇。几经艰苦奋战，才把反攻的黄巾军一举击败。

在近代反法西斯战争中，以德国、日本、意大利为首的法西斯轴心国四处侵略扩张，一开始战无不胜，周遭各国遭到重创。但是，以英法、苏、中为首的反法西斯国家和世界人民没有屈服于法西斯，而是同法西斯进行了艰苦卓绝的斗争，最终获得了反法西斯战争的彻底胜利。回忆中国的近代史和现代史，中国人民为了推翻"三座大山"，取得中华民族的独立和解放，进行了多少不屈不挠的斗争，又遭受了多少刻骨铭心的失败啊！可是，无数次的失败，使得中国人民更加奋勇直前，顽强抗争，终于换来了中华民族的独立和解放。这一切，正是对中华民族百折不挠的民族精神的最好诠释。

无论是想在事业上取得胜利，还是想攀登人生的高峰，没有像狼一样坚忍不拔、百折不挠的意志是不可能摘得胜利的果实的。但是，也不是说只要具备了这些条件就一定可以取得成功，还应该具备狼一样生存于逆境的精神。

对于一个有志之人，逆境、困难、艰苦，正是磨炼的好机会，所谓"艰难困苦，玉汝于成"是也。孟子曰："故天将降大任于斯人也，必先苦其心志，劳其筋骨，饿其体肤，空乏其身，行拂乱其所为，所以动心忍性，曾益其所不能。"历史上一切身处逆境而终有所成的人，无不经过这样的艰苦磨炼。张海迪的事迹众所周知，张海迪小时候因患脊髓血管瘤造成高位截瘫，但她身残志坚，勤奋学习。在残酷的命运挑战面前，张海迪没有沮丧和沉沦，她以顽强的毅力和恒心与疾病做斗争，经受了严峻的考验，对人生充满了信心。她虽然没有机会走进校门，却发奋学习，完成了小学、中学全部课程，自学了大学英语、日语、德语和世界语，并攻读了大学和硕士研究生的课程。终于成为了战胜病魔的榜样。

在逆境中奋斗的人还有一代音乐大师贝多芬。

贝多芬在1800年4月举行作品音乐会，确立了作曲家的地位。1802年，随着听力逐渐衰退，因耳聋的恐惧和失恋，贝多芬想过自杀。后来他终于克服了困难，振奋精神，继续作曲。

此后十余年，贝多芬经历了思想和生活的激烈动荡，1819年完全失聪，在此期间仍以顽强的毅力写下了第三至第八交响曲，第四、第五钢琴协奏曲等作品。

正是这样的环境和经历促使贝多芬向命运发起挑战，他反抗命运的不公，写下了震撼人心的《第九交响曲》《欢乐颂》。

每当我们开始干一件事时，就有可能面临失败。如果害怕失败，那你将一事无成。家长们常说："孩子只要能立就能走，能走就能跑。"每个家长都懂得孩子不摔跤是学不会走和跑的。而当他们看到自己的孩子在跌倒中学会走路时，心情肯定非常激动。事实上，所有人都是这样长大的。

生活是如此，工作也是一样。往往在失败中，我们才能真正学到本领。你想长大成人，想夺得第一，就应该记住，"在失败中崛起"。

英国小说家、剧作家柯鲁德・史密斯曾经这样说："对于我们来说，最大的荣幸就是每个人都失败过。而且每当我们跌倒时都能爬起来。"

正是因为不断地经受磨难，人才能变得更加坚强。在日本有"八起会"。这是那些因不走运而跌倒的经营者们的集会。他们的领导者曾以"失败是开路的手杖"为题，为"八起会"的成员们做了讲演，这给予当时在座者以极大的鼓舞。

的确，人们从失败的教训中学到的东西，比从成功的经验中学到的还要多。

失败的原因很多。其中有骄傲自大、过分自满、夸夸其谈、滥用职权等。总之，大体上都是因为一些不经意的事而导致巨大的损失。中国春秋战国的韩非子曾说过："不会被一座山压倒的人，却可能被一块石头绊倒。"

所以，一个真正的有志者，应该具备以下两种品质：

第一，能经受失败的打击，并向失败发起挑战，夺取事业上的胜利和人生的成功；

第二，坚持自我，不以物喜，不以己悲。

无论什么样的失败，只要你跌倒后又爬起来了，跌倒的教训就会成为有益的经验，帮助你取得未来的成功。在失败的废墟中崛起的不仅有成功的摩天大厦，还应该有坚强的意志。这样才是狼的生存法则的体现。

因此，只有在逆境中学会生存，我们的才华才不至于被消磨，反而会更加耀眼，正像巴尔扎克所说的："挫折就像一块石头，对于弱者来说是绊脚石，对于强者来说却是垫脚石。"

顽强坚韧的承受力

狼在猎取食物的时候，常常会遇到猎物的拼死抵抗，一些大型猎物有时还会伤及狼的生命。但只要狼锁定目标，不管跑多远的路程，耗费多长时间，冒多大的风险，它是不会放弃的，不捕获猎物誓不罢休，永不言败。

这就是狼的另一个成功要素——坚韧。

从前，一位父亲和他的儿子出征打战。父亲已做了将军，儿子还只是马前卒。又一阵号角吹响，战鼓雷鸣之时，父亲庄严地托起一个箭囊，其中插着一支箭。父亲郑重对儿子说："这是家袭宝箭，佩戴身边，则力量无穷，但千万不可抽出来。"

那是一个精美华丽的箭囊，厚牛皮打制，镶着幽幽泛光的铜边，再看露出的箭尾，一眼便能看出用的是上等的孔雀羽毛。儿子喜上眉梢，想象着箭杆、箭头的模样，耳旁仿佛有嗖嗖的箭声掠过，敌方的主帅应声折马而毙。

果然，佩戴宝箭的儿子英勇非凡，所向披靡。当鸣金收兵的号角吹响时，儿子再也禁不住得胜的豪气，违背了父亲的叮嘱，强烈的欲望驱赶着他呼一声就拔出宝箭，试图看个究竟。骤然间他惊呆了———一只断箭，箭囊里装着一只折断的箭。

儿子吓出了一身冷汗，仿佛顷刻间失去支柱的房子，意志轰然间坍塌了。

这个故事告诉我们：只有把自己的意志磨砺得像箭一样坚

韧，我们在生活中、事业上才能"平步青云"。毁灭它的是我们自己，拯救它的也是我们自己。毁灭，还是生存？选择的权利在我们手中。狼选择了坚韧，朝着自己锁定的目标，奋勇直前，永不放弃，因为它知道：它的生命每天都在接受类似的考验。如果它坚忍不拔，勇往直前，迎接挑战，那么它一定会成功。

精卫本是炎帝的女儿，因在海上遭遇风浪，溺水而死。死后化作一只名叫"精卫"的鸟，形状如乌鸦，头有花纹，白嘴红足。它愤恨大海夺去了自己的生命，从西山衔来树枝和石子，发誓要填平东海，使其不再兴风作浪危害人类。

晋代诗人陶渊明曾在《读山海经》中写道："精卫衔微木，将以填沧海。刑天舞干戚，猛志固常在。"他把小小的精卫鸟与顶天立地的巨人刑天相提并论，这种悲壮之美，千百年来震撼着人们的心灵。沧海固然大，而精卫鸟坚韧的品格更为伟大。

古人云：古之立大事者，不惟有超世之才，亦必有坚忍不拔之志。我们需要坚韧，但是坚韧与坚硬不同，坚韧如同荒野中觅食的狼、春风中的野草，坚硬则像花岗岩。

野草的种子在面对黑黝黝的泥土时，它没有抱怨，也没有退缩、放弃，而是把全部的希望都寄托在泥土中。它珍爱每一束阳光，珍爱每一滴雨露，甚至珍爱每一缕清风。当它迎风霜、顶烈日、经雨雪后，终于挺身焕发出生命的颜色！

人和草一样，在生命历程中交织着矛盾和痛苦，充满求索的艰辛，遍布荆棘和坎坷。我们只有像那不为人知的野草一样坚韧，才能不被风霜雨雪所摧毁。即使是受到打击也要凭着顽强的意志和坚韧的精神毅力以及对理想的不懈追求，向成功一步一步迈进。也只有这样，我们才能换来无比丰硕的成功果实。

荒野中觅食的狼在任何困难下都是勇往直前的，而一个意志坚韧的人应该是思路开阔,不屈不挠,行为自律,做事灵活的。我们要坚信自己是在任何环境下都可以生存的坚韧的狼!在任何挫折下要记得"不要轻言放弃"。

也有一些人在遇到困难或挫折时会萌发极端的想法,例如,文化、政治、经济、精神刺激等因素容易使人产生极端的想法。那么使他们萌发极端想法的直接因素就是个人的挫折容忍力,而且是最主要的影响因素。在同样的文化、政治、经济、社会状况中有很多人处于同样的动机冲突、挫折情绪的精神刺激之中,但由此而产生自杀行为的毕竟是极少数人。显然,这与人们的心理承受力相关。如果每个人都能像狼一样拥有锲而不舍的坚韧意志,那么在严重的挫折面前,我们就会变得更加坚韧,百折不挠,而不会惊慌失措,颓废沮丧,一蹶不振。

彭端淑在《为学一首示子侄》中讲了这样一个故事:四川边远地区有两个贫富悬殊的和尚,他们都想到南海朝圣,富和尚几年间一直打算雇船顺江而下直到南海,而最终没有去成;穷和尚却凭着一个装水的瓶和一个讨饭的钵,步行到达了南海并且成功返回。

一般人都认为,逆境能培养人才,而顺境则埋没人才。我倒不这样认为。辩证唯物主义理论告诉我们,外因是变化的条件,内因是变化的根据,外因通过内因而起作用。逆境、顺境都是外部条件,而不是成才的根本原因,成才的关键在于主观能动性的发挥。

身处顺境的富和尚未到达南海,而身处逆境的穷和尚却最终到达,这是为什么?根本原因就是穷和尚有着坚韧的意志,不达目的不罢休的坚定信念。正是这种意志和信念存于心中,穷和尚才能到达南海。这也为我们学习狼性的法则提供了动力的源泉。

一位战士的经历也证明了这一点。他被敌人紧追不舍，不得不躲进了一间坍塌的破屋。就在他陷入困惑与沉思时，他看见一只蚂蚁吃力地背负着一粒玉米向前爬行。蚂蚁重复了 59 次，每一次都是在一个凸起的地方连同玉米一起摔下来，它总是翻不过这个坎。哦，瞧！到了第 60 次，它终于成功了！这只蚂蚁的行为极大地鼓舞了这位彷徨的英雄，使他开始对未来的胜利充满希望。

许多先贤都是在经历了痛苦的转折之后，才更深刻地体味了人生的大义之所在，依靠坚忍的意志延续他们的生命力，写下了一篇篇传世经典，造就了一番番奇功伟业。就是在这些转折中，先哲们的坚韧和坦荡，使他们的人格和思想在历史长河上空凝聚成了一缕缕恒久的心香。也正是这些转折，把他们的意志磨炼得更加坚韧，也激发了更多人更多的感喟……

狼的坚韧让我们看到的不仅仅只有这些。王羲之是我国历史上最杰出的书法家之一，在中国艺术史上被尊为"书圣"，书法界赞美他"贵越群品，古今莫二，兼撮众法，备成一家"。在少年时期，王羲之为了写得一手好字，刻苦磨炼，精研体势，独辟蹊径。坚韧而行的精神，一直是后人的楷模。

回望岁月，我的思绪穿越时空隧道，我们敬爱的党虽然有过挫折，甚至失败，但她一直以民族大业为己任，带领全国各族人民奋勇前进。井冈山的星星之火，点燃中国人迷惘的心；二万五千里长征谱写出中华民族坚韧的精神；宝塔山的灯光，照亮一个民族不屈的灵魂；天安门城楼浓重的湖南乡音宣告了中国人民从此站起来了；深圳高速的步伐，踩出现代化的乐章……

在国外也有不少例子是狼的坚韧法则的体现。

19 世纪末，电灯、电话、电报、电唱机等电器的问世，给人们的生活带来了便利和欢乐。然而，这些电器都是要用电的。没有了电，这些东西就成了一堆废物，毫无利用价值。但当时的蓄电池的使用时间却很短。爱迪生，这位举世闻名的科学家，意识到解决蓄电池"短命"问题的重要性：如果不延长蓄电池的供电时间，将会影响许多电器的使用。于是，爱迪生把研制新型蓄电池的工作排上了日程。

一旦确定了目标，爱迪生便把全部的精力投入到工作中去。在他的头脑里，其他事情，包括衣食住行似乎都淡化了，只清晰地留下研究工作。

一天，爱迪生在家里吃饭时，突然举着刀叉的手停在空中，面部表情呆板。他的夫人看惯了他的这类事，知道他正考虑蓄电池的问题，便关切地问："蓄电池'短命'的原因在哪里？"

"毛病出在内脏。要治好它的根，看来要给他开个刀，换器官。"

"大家不是都认为，只能用铅和硫酸吗？"夫人脱口而出。她想了想，对她的丈夫——爱迪生说这种话毫无意义。他不是在许多"不可能"之中创造了奇迹吗？于是，夫人连忙纠正道："世上没有不可能的事，对吗？"

爱迪生被夫人的这番话逗乐了。"是啊，世界上没有什么不可能的事，我一定要攻下这个难关。"爱迪生暗暗地下定决心。

问题看起来很简单，然而，做起来却是非常非常的困难。

爱迪生和他的助手们夜以继日地做实验。一个春天过去了，又一个春天过去了，苦战了3年，爱迪生试用了几千种材料，做了4万多次的实验，可依然没有什么收获。这时，一些冷言冷语也向他袭来，可爱迪生并不理会。他对自己的研究充满信心。

有一次，一位不怀好意的记者向他问道：

"请问尊敬的发明家，您花了3年时间，做了4万多次实验，有些什么收获?"

爱迪生笑了笑说:"收获嘛,比较大,我们已经知道有好几千种材料不能用来做蓄电池。"

爱迪生的回答,博得在场的人一片喝彩声。那位记者也被爱迪生的坚韧的意志所感动,红着脸为他鼓掌。

正是凭着这种意志,爱迪生将他的试验继续了下去。

1902年5月28日,爱迪生宣布发明了一种新式蓄电池。这种电池用氢氧化钠(烧碱)溶液代替硫酸,用镍、铁代替铅,是世界上第一台镍铁碱电池。它的供电时间相当长,在当时可以算是"老寿星"了。

再比如瑞典著名化学家诺贝尔。诺贝尔和他的父亲在拿破仑三世的资助下研究甘油炸药,期间曾发生过多次爆炸事故。在1867年9月3日发生的一次大爆炸中,工厂完全被炸毁,诺贝尔的弟弟和许多工人被炸死,他本人也被炸伤,这就是轰动一时的"海伦波事件"。此次事件引起一些人的极大恐惧和强烈反对。面对困难,诺贝尔并未认输,先后发明了"诺贝尔安全炸药""无烟炸药"。如果诺贝尔不具备坚韧的意志,即使有非凡的创造力他也不会取得这样的成就,更不会成为举世瞩目的化学家、工程师、发明家。

玫琳凯·艾施女士是美国商界难得的奇才。1963年,玫琳凯·艾施化妆品公司建立时,全部投资只有5000美元,加上她自己在内,公司员工只有11人。而现在她的公司已经发展成为一家大型跨国公司,分公司遍布全球44个国家和地区,全球拥有美容顾问近120万名,改变了千百万妇女的命运。她手持着"坚韧"的"宝剑"和乐观的自信向困难发起挑战,创造了她富有传奇色彩的人生故事。

　　每个人心中都存有继续往前的使命感。努力奋斗是每个人的责任，我对这样的责任怀有一份舍我其谁的信念。

　　生下来就一贫如洗的林肯，终其一生都在面对挫败，八次参加选举八次都落败，两次经商失败，甚至还精神崩溃过一次。

　　"此路破败不堪又容易滑倒。我一只脚滑了跤，另一只脚也因此站不稳，但我回过气来告诉自己，这不过是滑一跤，并不是死掉都爬不起来了。"在竞选参议员落败后亚伯拉罕·林肯如是说。

　　也正因为他没有放弃，始终向自己的目标努力，永不言败，林肯才能成为美国史上最伟大的总统之一。

　　而对于弱者，挫折成了他们一道不可逾越的鸿沟。他们在此徘徊，唉声叹气，却没有想到这条鸿沟正是他们自己，只有征服自己，超越自我，拥有狼性，成功自然会随之而来。但是他们没有勇气面对挫折，也失去了"目标"，自己放弃了很多本是属于自己的东西。曾经有一位青年，到一家大公司去应聘，得到的消息是没有被录取。他在绝望中准备自杀，自杀未遂后才得知"没被录取"是由于计算机故障带来的误报。正当他接到聘书喜形于色之时，一纸解聘书又飞到他手中，说他不能很好地面对挫折，必不能胜任今后的工作。想想看，这位青年的成功机会就在他自己手中，他却因为承受不了挫折，不能征服自己，而让这机会从他指缝间溜走了。没有勇气接受挫折的挑战，也就意味着本已积累起的成功的筹码也将失去它的分量，而新的筹码你又没有拿到，那么怎么能达到成功的顶峰呢？

　　狼是不畏惧失败的，促使它们勇往直前的是"猎物"，它们知道如果放弃，就要面临饥饿，甚至死亡。它们更不会害怕失去。有时我们可能会认为自己遭受的挫折很大，或许有的人会认为自己遭受的打击太沉重了，而且成功的希望也非常渺茫。但是，只要我们像狼一样锁定"目标"，紧随"目标"，依靠坚韧的承受力，我们就还有希望，"猎物"就不会逃出我们的掌心。

生活中的苦涩，曾使人失望流泪；漫漫岁月的辛苦挣扎，曾催人衰老，但由于忍耐，由于奋斗，也由于不断地向上仰望，我们的生命终将克服所有忧患与磨难。

当有一天，我们一生的剧目终于要落下帷幕，我们想要表达的，终究不是那些功名，而是内心的感受和那些曾经深深触动我们的细节。我们经历的种种外在的打击也好，磨炼也好，机遇也好，最终都将化为我们内心不断磨炼的意志。不断地去抵达，不断地穿越我们的抵达，直到有一天，它和我们本身合二为一，成为一颗种子———一颗坚韧的种子。这顽强坚韧的种子，并没有因为自己的瘦弱、渺小而退缩，它只是拼命地钻、拼命地挺，在困境中求生。最后，就这样长成了一棵挺拔的参天大树。

拒绝服从，按照自己的意志生活

一个狼妈妈，生下几只小狼。当小狼能够自己行走的时候，狼妈妈就把它们赶出安乐窝，让它们自己去觅食。在冰天雪地里，寒风刺骨，又可能遭到凶猛动物的袭击，那种艰难与危险是可以预见的。有的小狼咬紧牙关，抗住严寒与饥饿，勇敢地挺了下来；而有的挺不住，便逃回安乐窝。狼妈妈并没有因为小狼可怜巴巴的样子而宽容，还是铁着心把它们赶出去。狼妈妈知道，如果今天不让它们出去受冻挨饿，不去适应艰险的环境，那么明天，它们就不能自立，就会被冻死、饿死，被狮子、老虎、猎豹吃掉。

狼从能够独立行走的第一天就开始接受挑战——学会自己觅食。狼妈妈考虑的是它的后代的生存，所以，在它的后代能够自己行走的时候，就把孩子们赶出"安乐窝"，让孩子们自己觅食，这对它的后代来说是一种锻炼。也只有经历苦境、险境、逆境的磨炼，狼的生命力才会更加旺盛，意志也就更加坚强。

俄国著名作家果戈里的中篇小说《肖像》讲述了一个耐人寻味的故事：

年轻的恰尔特柯夫是个有才能且前途远大的画家。他的教授曾告诫他：要珍惜自己的才能，不要随波逐流，不要只知道怎样设法去吸引人们的注意。可是，他经受不住金钱和虚荣的诱惑。为了迎合上流社会仕女们的心理，就违反生活的真实，尽力把肖像画成她们自己希望的样子。于是，他的名声大噪，求画者一个个都称他是旷世奇才。他变得富有和阔绰起来，但他的画笔却冷淡了、迟钝了。正当盛年，他的才华却已经凋谢。这时，美术学院请他去评判一件新作。这是一幅真正的杰作！作者是他熟悉的朋友。他战栗了！他想起自己也曾有过的才能……他心中充满了怨恨和嫉妒。他决心高价收买艺苑中的精品，然后把它们一一扯成碎片。在一次这样情绪的发作中，他结束了自己的一生。

上天自从赋予我们生命的那天起，就告诉我们要珍惜生命，并按照自己的意志生存，谱写不朽的篇章。

有一位猎人在一次打猎的时候，在一个山洞中遇到一只刚出生的小狼，在确认没有任何危险的情况下，他把这只小狼抱回家，并决定驯服这只小狼。在这只狼长大一些的时候，它开始不安分起来，它常常咬脖子上束缚它的铁链，忍受着疼痛与铁链搏斗，企图摆脱它的束缚回到山林中。血慢慢地从它的脖子上流下来，它依然没有停止。连续几天，它终于倒下了。拒绝服从，是作为一只真正的狼的绝对准则。它具有太多让人敬仰的精神力量。没有多少人能够像狼那样不屈不挠地按照自己的意志生活，甚至不惜以生命为代价，来反抗几乎不可战胜的外部力量。

天启元年（1621 年），28 岁的谈迁因母亲之故，守丧在家。期间，他读了不少明代史书，发现其中错漏甚多，因此立志写一部翔实可信的明史。历时二十余年，"六易其稿，汇至百卷"，终于完成一部编年体明史，共 500 万字，取名《国榷》。不料，一天夜里，小偷闯进了他家，发现没有什么东西可偷，便把他的书稿全部盗走。谈迁发现后，伤心至极，大哭一场。即便如此，他并没有灰心，决心从头再写。他对自己说："我人不是还在吗？

我手不是还在吗？那就重新做起吧！"由于他矢志不移，义无反顾，把全部心思都放在编写上，经过4年努力，新稿终于完成，署名"江左遗民"以寄托亡国之痛，也给后人研究明朝历史留下了丰富的资料。

意志的力量支撑着许多人成就了伟大的事业。

有这样一个真实的故事：在河南南阳，有一个苦命的姑娘——薛玉霜。薛玉霜出生在一个铁路工人家庭，全家8口人挤在铁道边的一间房子里，过着清苦的生活。在薛玉霜两岁多时，邻居小姑娘带着她到铁轨附近玩，不幸被一列飞驰而来的火车轧断了双腕，头也磕出了一个血窟窿。玉霜的命虽然保住了，但双腕伤口溃烂，难以愈合。医生没办法，只能截肢。6年之间，玉霜做了8次截肢手术，才止住溃烂。

就是在这种严酷的生与死的考验中，玉霜开始了人生的艰难历程。即使是上学这件简单的事，玉霜这位断臂姑娘，也经历了几番波折。首先是妈妈不同意，接着是学校不肯收。为了满足玉霜的愿望，玉霜的妈妈竟当众给学校老师跪下了，玉霜自己也哭了。学校之门终于向她敞开了。可是每到写作业时，玉霜只好傻傻地坐着。没有手，怎样写字呢？有一天，玉霜妹妹用嘴含铅笔玩儿，妹妹的这一动作使玉霜受到启发，她开始咬着笔杆练习写字。刚开始练习时，头和身子都得随笔晃动，不一会儿就头晕、恶心。有一次用力过大，折断了铅笔头尖，笔杆刺破牙齿的防线，戳破了她的喉咙，导致鲜血直流，一连几天她都不能吃饭。为了替妈妈分担家务，玉霜背着妈妈练习用脚指穿针引线，缝衣做被，还学会了刺绣。为了这，她的脚不知被针扎破了多少次。

玉霜凭着坚强的意志练就的这些技能，不知让多少人为之震惊。但是，与她的书法技艺比起来，这些不过"雕虫小技"罢了。1984年，玉霜决定参加残疾人运动会，指导教练是安阳体校校长。这位曾经是闻名全国的跳远选手的教练是这样描述玉霜的艰苦顽强的："她的体质并不适宜田径，就是凭着苦练。她从空中摔下来，像受伤的鸟，直接拍到地上，脸和头扎进沙里，有时候她会翻滚起来。她往外吐沙子，用残臂揉眼里的沙子，两眼被揉得红肿起来，往外沁出泪来。她没有手臂，在练习时翻倒后都由腿来支撑。她的膝盖伤痕累累，两条腿肿得就像病人。"艰苦的训练得到了回报。同年10月，玉霜在全国伤残人运动会上一举夺得了1500米长跑和跳远两枚金牌，成了名人。电视上、报纸上经常有她的事迹和形象出现。人们从她的事迹中感受到了催人奋进的意志力。

而从下面的故事中我们将看到，意志力薄弱的人所面临的生死考验。

这是一个发生在"二战"期间非常著名的实验。实验者是一名军医，而实验对象则是一个即将被处死的俘虏。

军医将俘虏的双眼蒙住，绑在一张床上，并在俘虏的手腕静脉处扎入一支注射针头，然后接上一根导管，在床侧放一个盆，最后告诉俘虏说："我们将放你的血，直到你流尽最后一滴血为止！"不一会儿，俘虏就听到液体滴落在盆里的声音——嘀嗒，嘀嗒。一个小时过去了，两个小时过去了……俘虏镇定的心开始慌乱起来。后来神志就不怎么清醒了，并渐渐地失去了知觉……两天后，那个军医再观察俘虏时，发现他已经死了。

其实，军医并没有放俘虏的血，那根导管的另一端是封闭的。那种液体滴在盆里的嘀嗒声，是由一个底部有小孔的容器装水、让其滴落在盆中发出的。俘虏的死因在于其求生的欲望和意志已被持续不断的嘀嗒声消磨殆尽。

这就是意志所发挥的作用，它看不到，摸不着，却是不可估量的，你的成功之路没有它不行。所以，我们要磨砺我们的意志，并把它凝聚起来，让它爆发，助我们一臂之力，使我们勇攀人生的高峰！

1950 年 12 月的一个雪夜，在朝鲜长津湖以南某高地上，一个被手榴弹炸伤的战士慢慢地苏醒过来了。弹片从他的左脸进入，由左眼穿出。在昏迷中，他又被冲上高地的美国兵刺破腹部，肠子流出体外。苏醒后，他唯一的念头是绝对不能当俘虏。他爬到北面的山崖，跌下去，顺坡滚下去几十米，又晕过去了。再次醒来后，他把头拱进雪里，大口大口地吃雪，他的肚子因此不再火烧火燎。单薄的军裤被撕裂至膝盖，力士鞋与脚冻在了一起。他就是伤残军人——朱彦夫。

刺骨的严寒麻木了伤痛。朱彦夫时昏时醒，当他凭毅力爬到一条河边时，他再也爬不动了。不知过了多久，两个侦察兵发现了他。他俩凿冰取水，替朱彦夫洗掉沾到肠子上的脏物，把肠子塞回他的腹中，做了简单的包扎处理，然后把朱彦夫背到一个可能获救的地方，在留下一点食物和一件军大衣后离去。一天两夜之后，朝鲜老乡发现了他，把他背回家中，放在热炕上。一冷一热，朱彦夫的手和脚算是废了。十几天之后，朱彦夫被送进长春军医大学医院。在长达 93 天的昏迷中，朱彦夫接受了 47 次手术，他的双手双脚都被截掉。然而他竟奇迹般地活了下来。当他清醒后，瞧见自己短了一大截的身子时，精神几乎崩溃。是啊，他还不到 20 岁，青春才刚开始，以后的日子还那么长，怎么过？

一天，朱彦夫想结束他的生命，于是他从床上滚到地上，想爬到桌子上，再从窗户上翻下去。他累得大汗淋漓，伤口都挣裂了，却没有成功。这个 14 岁参军，参加过淮海战役、渡江战役，打过大小上百场仗的青年军人痛苦地发现，自己连自杀的能力都没有了。出了医院，又进了荣军院，像他这样的伤残军人，可以在这里踏踏实实地让别人伺候一辈子。可是到了 1956 年，朱彦夫坚决要求回老家。他不要过让别人伺候的生活，他要自立。一辆独轮车和一本伤残军人证书伴随着他回到了阔别 9 年的家乡，迎接他的是他 10 岁以后唯一的亲人——母亲。

不在奋斗中死亡就在奋斗中成功。朱彦夫就是这样一个人，他从荣军院回来，就想学习自立。"对当时的我来说，什么是幸福？一顿饭不管用什么方式，只要能吞进肚里就是幸福；上厕所不从座位上掉下来就是幸福。最大的幸福就是生活里的一切都不用人帮，我自己做！"可母亲就是要帮他。最后，朱彦夫只好采取措施了。他"骗"了老母亲，实现了自己关"禁闭"的计划。他旁边有十来斤地瓜干、半瓦罐水、勺子、碗。他把勺子和碗分成三等份，搁在床上、桌上、地上，他要练习用三种姿势吃喝。最难的是用勺子，勺子滑，夹不住，他就床上地下折腾。更糟的是，截肢处一碰就痛。他整日整夜重复着一个吃饭动作；还有假肢，也不是好护理的。他第一次缠绷带的时候，绑带一连掉下床 100 多次。套假肢相对容易，可怎么也锁不上皮带扣。他只好用牙把假肢叼到床上，用棉被把假腿固定牢固，然后拿舌尖舔，用嘴吸，用牙咬。20 天后，地瓜干没了，水喝光了，他也终于第二次成功地安上了假肢。朱彦夫兴奋地撑着双拐，猛地一使劲，站了起来，可刚一迈步，就摔倒了，昏了过去。雨水顺着墙缝、门缝灌进屋，朱彦夫被水"泡"醒了。他把嘴贴到地上，一顿狂饮。他练习用勺子把地上的泥弄到碗里，吃进嘴里。他知道要自立就坚决不能喊人来帮助，就算饿死也不能！要么练成，自己从小屋里走出去，要么就饿死在这里……

当县民政局局长和朱彦夫的母亲发现他时，还以为他死了，赶紧把他送进医院。然而他没有死，他顽强的生命力让医生也惊叹不已！

之后，朱彦夫实现了衣食自理，而且结了婚，有了一个可爱的女儿。他每月有42块钱伤残补贴，过日子不愁，可他觉得不能一辈子只会进食和解便，不能与低等动物一样。他要干点什么，就在自己的小村子里。朱彦夫用自己的伤残补贴买回了上百册书，办了个家庭图书室。他的家一天比一天热闹。后来，他被选为张家泉村党支部书记。

这村支书一当就是25年。朱彦夫还为村民做了几件大事：一是治山造林，种植果树，建成了桑园、胡椒园、苹果园；二是修田造地；三是修渠引水；四是架电线。别小看这电线，那是朱彦夫从1971年起，断断续续跑了7年，行程几万里，才备齐这20里的架电材料，将光明送到村里。沿途11个村也因为朱彦夫的奔波而结束了无电的历史。在交通不发达的山区，几万里的行程，对一个无手无脚的人意味着什么？别的不说，有一次，他骑驴过松仙岭，摔下来几十次！可他不愿别人可怜他、照顾他。自己能办的事，都是他自己一个人办。他曾对女儿说："咱家已经有个特等残疾的'特等公民'了，绝不允许有第二个'特等公民'。"他是这样教育女儿的，也是这样激励自己的。1982年，朱彦夫卸任了。他的内脏出了毛病，他得了肝病、胃病、心脏病。他该歇歇了。可他偏不！这位没上过一天学的老人又有了新的目标：写书！把自己40年来的经历付诸笔端。

朱彦夫说写书，起初连家里人都没有当真，可他是认真的，说写就写。在荣军院时，朱彦夫上过几天速成班，后来又自学了读和写，他把自己关在房间里，一写就是 7 年。写书不比当年"禁闭"练吃喝容易。刚开始，朱彦夫用嘴咬着笔写，眼离纸太近，写不多久头就晕。他左脸受过伤，肌肉不时痉挛，嘴使不上劲。好不容易写成的字，也被顺着笔杆流下的口水浸得一塌糊涂。之后，他练习用断臂写字。那字由大如拳头，到小如铜钱，最后一点点缩进小格子里。这是一个漫长的过程。朱彦夫让孩子把写好的文章拿给县里会写作的人看，人家看后，告诉朱彦夫的孩子说："回家告诉你爸，别受罪了，写得再好上 10 倍也出版不了。不是写谈恋爱、跳舞的题材，谁看？"没人看，也要写下去！出版不行当家史，家史不行当遗嘱。他把自己写的书命名为《血蚯》。"蚯蚓是个低等动物，也无手无脚，可它还能松土肥田呀！我有血有肉有感情，我就是要在人们板结了的思想里松松土。"朱彦夫亲自把 40 多万字的手稿送到济南。1996 年，《血蚯》更名为《极限人生》出版了，引起极大轰动。

无论是无臂姑娘面对厄运的不屈不挠，还是伤残军人用意志谱写的生命之歌，都让我们看到，意志为我们的成功提供了源源不断的力量。而这意志的形成，需要在前方树立一个值得追求的目标。有这个目标在那里，我们就会有理由去追赶。

当一颗种子具有了足够坚强的生命力之后，无论在它的上面压上多重的石块，它总会有破土而出的时候。如果一个人真的具有了坚强的意志和全面的个人素质，无论外部的环境多么不利，自己的起点多么低，他总能找到属于自己的机会。

成功显然不会属于所有人，以前不会，现在不会，以后也永远不会。

只要永不屈服，就不会永远失败。不管失败过多少次，成功总是会到来。

　　对于一个没有失掉勇气、意志、自尊和自信的人来说，就不会害怕失败，因为他最终会是一个胜利者。

　　如果你是一位强者，如果你有足够的勇气和毅力，那就让意志的力量唤醒你的雄心，让你变得更强大，无往不胜！

第 二 章

战斗到最后一刻

敢于挑战，勇往直前

狼群特别喜欢生活在森林地区，但也会出现在沙漠、平原和冻原地带。

狼很聪明，它们通过气味、面部、身体语言和声音来彼此交流。吼叫可以帮助它们彼此追踪、建立地盘、组成狼群和防御外来攻击。它们会因高兴而吼叫，受到挫折时也会狂吠和吼叫。在安静的夜晚，远在数公里之外，都可以听见它们的吼叫声。狼敏锐的嗅觉能察觉到远在两公里之外的猎物。

狼在受到其他动物的攻击时，是不会害怕、胆怯的，一只真正的狼绝对不会逃跑，而是战斗到底。只有战斗才有生的希望，而逃跑却只有死路一条。这是狼族的准则。

只有为战斗而生的狼，没有惧怕战斗的狼。它们的生活就是战斗，即使是死，也要死在战场上。这就是狼生存的法则——无畏。

孟子认为，仁义礼智的道德是人心所固有的，是人的"良知、良能"，是人区别于禽兽的本质特征。他说，"仁义礼智根于心"，"仁义礼智，非由外铄我也，我固有之也，弗思耳矣"。其理由是人人都有"善端"，即恻隐之心、羞恶之心、辞让之心、是非之心，称为"四端"；有的人能够扩充它，加强道德修养，有的人却自暴自弃，为环境所陷溺。这就造成了素养的不同。因此，孟子十分重视道德修养的自觉性。孟子认为无论环境多么恶劣，也要奋发向上，把恶劣的环境当作磨炼自己的机会，做到

"富贵不能淫，贫贱不能移，威武不能屈"，成为一个真正的大丈夫。如果遇到严峻的考验，应该舍生取义，宁可牺牲生命也不可放弃生存原则。这样我们就可以培养出一种坚定的无所畏惧的心理状态，这就是所谓"浩然之气"。这种气"至大至刚"，充塞于天地之间。

《战国策·魏策四》中，记述了魏国著名策士唐雎不辱使命的历史。秦王借口用五百里的土地与安陵君换安陵国（魏国属国），实际上谁都知道这是一个骗局。安陵君既不愿换地，又不能得罪秦王，只好派外交官唐雎出使秦国。在态度强硬、性格暴躁的秦王面前，唐雎巧言善辩、针锋相对，使秦王就范，别无选择。唐雎说，如果作为布衣的自己发怒了，就会倒下两具尸体，流血五步之远，天下人都披麻戴孝。随之挺剑而起，寒冷的剑光逼得秦王真正懂得了"布衣之怒"比"天子之怒"更为现实，"伏尸二人"比"伏尸百万"的血流更为鲜红。唐雎不畏强权，维护正义，创造了外交奇迹。魏国灭亡，然而安陵却生存下来。这不仅因为主权平等，真理在握，更因为有唐雎这样一个文武兼备的人才。也正是由于唐雎的无畏给了他勇气和力量，让他以最简洁有效的方式，成功地解决了安陵君十分棘手的问题。由此可见，无畏，不仅是狼生存的重要法则，也是一个人、一个国家存活的法则。

春秋时，齐国大夫崔杼杀死了齐庄公，太史毫不隐讳，据实在简策上直书"崔杼弑（杀）齐君"。崔杼恼羞成怒，便把太史杀掉了。太史的弟弟接着仍这样写，又被杀掉。太史的另一个弟弟仍然坚持不改，崔杼无可奈何，只好任其所为。另一位史官南史氏听说太史兄弟相继被杀，毫不畏惧，拿起竹简赶往朝廷，要继续如实地记载这件事情。路上听说崔杼弑君之事已被如实记载,才返回家中。

齐太史三兄弟不畏强权,置生死于度外,为真理而亡,而祖冲之更是无畏于权贵,推翻旧历。英姿勃发的祖冲之,在长期的科学实践活动中,勤奋学习,刻苦钻研,反复验证、比较,终于获得了大量的有关天文、历法方面的资料。公元461年,祖冲之把《大明历》写完以后,又写了一篇《上大明历表》。第二年,即公元462年,年轻职卑的祖冲之怀着满腔热情,把他精心编成的《大明历》连同《上大明历表》一起递交朝廷,请求宋孝武帝改用新历。宋孝武帝命令懂得历法的官员对新历法的优劣进行讨论。不料,却遭到了执掌朝政内务和机要的重臣戴法兴的反对。

为此,祖冲之同戴法兴等人进行了不屈不挠的斗争,并写了《辩戴法兴难新历》这篇有名的文章。在文章中,他用铁一般的事实驳斥了戴法兴这个顽固守旧分子无中生有的刁难。经过祖冲之和以巢尚之为首的大臣的几番努力,宋孝武帝终于决定于大明九年(公元465年)改革年号的同时,改行《大明历》。

但好事多磨,正当祖冲之沉浸在胜利的喜悦中时,宋孝武帝突然于公元464年病逝。这时离《大明历》的实施还有一年时间。

此后,时局动荡,《大明历》被"打入冷宫"。直到公元510年,由祖冲之的儿子祖暅提议实行;得到当朝皇帝萧衍的批准,才得以实施。这时,祖冲之已去世十年之久,而《大明历》的发表已过去将近半个世纪。

说到不畏强权、敢于直言的典型,魏征也是一个典型的代表。

玄武门之变后,有人向秦王李世民告发,东宫有个官员,名叫魏征,曾经参加过李密和窦建德的起义军。李密和窦建德失败之后，魏征到了长安，在太子建成手下干事，还曾经劝说建成杀害秦王。

秦王听了，立刻派人把魏征找来。

魏征见了秦王，秦王板起脸问他说："你为什么在我们兄弟中挑拨离间？"

左右的大臣听秦王这样发问，以为是要算魏征的账，都替魏征捏了一把汗。但是魏征却神态自若，不慌不忙地回答说："可惜那时候太子没听我的话。要不然，也不会发生这样的事了。"

秦王听了，觉得魏征说话直爽，很有胆识，不但没责怪魏征，反而和颜悦色地说："这已经是过去的事，就不用再提了。"

唐太宗即位以后，把魏征提拔为谏议大夫（官名），还选用了建成、元吉手下的一批人做官。原秦王府的官员都不服气，背后嘀咕说："我们跟着皇上多少年。现在皇上封官拜爵，反而让东宫、齐王府的人先沾了光，这算什么规矩？"

宰相房玄龄把这番话告诉了唐太宗。唐太宗笑着说："朝廷设置官员，为的是治理国家，如此应该选拔贤才，怎么能拿关系来作选人的标准呢。如果新来的人有才能，旧人没有才能，就不能排斥新人，任用旧人啊！"

大家听了，才没有话说。

魏征对朝廷大事，想得都很周到，有什么意见就会在唐太宗面前直说。唐太宗也特别信任他，常常把他召进内宫，听取他的意见。

有一次，唐太宗问魏征说："历史上的人君，为什么有的人明智，有的人昏庸？"

魏征说："多听听各方面的意见，就明智；只听单方面的话，就昏庸。"他还举了历史上尧、舜、秦二世、梁武帝、隋炀帝等人例子，说："治理天下的人君如果能够采纳下面的意见，那么下情就能上达，他的亲信想蒙蔽他也蒙蔽不了。"

唐太宗连连点头说："你说得多好啊！"

又有一次，唐太宗读完隋炀帝的文集，跟左右大臣说："我看隋炀帝这个人，学问渊博，也知道尧、舜好，桀、纣不好，为什么干出事来这么荒唐？"

魏征说："一个皇帝光靠聪明、渊博不行，还应该虚心倾听臣子的意见。隋炀帝自以为才高，骄傲自大，说的是尧、舜的话，干的是桀、纣的事，到后来糊里糊涂，就自取灭亡了。"唐太宗听了，感触很深，叹了口气说："唉，过去的教训，就是我们的老师啊！"

唐太宗看到他的政权巩固了下来，心里高兴。他觉得大臣们劝告他的话对他很有帮助，就向他们说："治国好比治病，病虽然好了，还得好好休养，不能放松。现在中原安定，四方归服，自古以来，很少有这样的日子。但是我还得十分谨慎，只怕不能保持长久。所以我要多听听你们的谏言才好。"

魏征说："陛下能够在安定的环境里想到危急的日子，太令人高兴了。"

以后，魏征提的意见越来越多。他看到唐太宗有不对的地方，就当面力争。有时候，唐太宗听得不是滋味，沉下了脸，魏征还是照样说下去，让唐太宗下不了台阶。

有一次，魏征在上朝的时候，跟唐太宗争得面红耳赤。唐太宗实在听不下去，想要发脾气，又怕在大臣面前丢了自己虚心纳谏的好名声，只好勉强忍住。退朝以后，他憋了一肚子气回到内宫，见了他的妻子长孙皇后，气冲冲地说："总有一天，我要杀掉这个乡巴佬！"

长孙皇后很少见唐太宗发那么大的火，问他说："不知道陛下想杀哪一个?"

唐太宗说:"还不是那个魏征!他总是当着大家的面忤逆我,令我实在忍受不了!"

长孙皇后听了,一声不吭,回到自己的内室,换了一套朝见的礼服,向唐太宗下拜。

唐太宗惊奇地问道:"你这是干什么?"

长孙皇后说:"我听说英明的天子才有正直的大臣,现在魏征这样正直,正说明陛下的英明,我怎么能不向陛下祝贺呢!"

这一番话就像一盆清凉的水,把唐太宗的满腔怒火给浇灭了。

后来,他不但不记魏征的仇,反而夸奖魏征说:"人家都说魏征举止粗鲁,我看这正是他可爱的地方!"

公元 643 年,这个直言敢谏的魏征病死了。唐太宗很难过,他流着眼泪说:一个人用铜照镜子,可以照见衣帽是不是穿戴端正;用历史照镜子,可以看到国家兴亡的原因;用人照镜子,可以发现自己做得对不对。魏征一死,我就少了一面好镜子。

由于魏征敢于直言,使得他名垂青史,为后人所称赞。

无畏,史实才得以真实,历法才得以精确,我们才能以史为鉴。而包拯的大无畏精神更是可歌可泣。

大奸必摧,反贪官,除恶霸,是包拯一生中最为突出、最为后人称道的为官原则。在历史上曾留下许多有名的"包公戏"。在戏里面不仅塑造了清官包拯,还塑造了张龙、赵虎、王朝、马汉、公孙策、南侠展昭等深入人心的人物形象。这一帮人团结一心,神通广大,铡贵戚、铡国舅、铡一切贪官污吏。包公手握尚方宝剑,甚至连皇帝的圣旨也可以对抗,什么狗头铡、虎头铡、龙头铡,什么阴阳镜,连阎王老子也要退让三分,什么妖魔鬼怪也都不在话下。这些带有神化色彩的情节，是人民创造的。人们看了心情舒畅，扬眉吐气；贪官污吏看了胆战心惊。这些神奇的情节并不是事实，是被夸大了的艺术创造，真实的包拯既无这么大的权力，也无这么大的神通。但是，这一切也并非是凭空捏造、毫无根据的。在包拯三十多年任职期间，在他的弹劾之下被降职、罢官、法办的重要大臣，不下三十人。这个数字是惊人的，是亘古未见的！为了一个人，一个案件，包拯往往奏上三本、五本、七本，甚至连奏数本，像连珠炮，火力十分集中，大有不达目的誓不罢休的气概。这些被弹劾者，都是有权有势、有后台的人。其中有些人比包拯的官职还要高，权能通天。包拯敢于据理力争，不畏权势的大无畏精神，是许多人望尘莫及的。如六次弹劾张尧佐，是很典型、很有代表性的案例。

张尧佐是张贵妃的伯父，原来在基层任推官、知县、知州等小官。张贵妃得势以后，张尧佐进入京城，很快就当上了三司户部判官、户部副使。不久，他被擢升为天章阁待制，吏部流内铨（管理官员的任用），又晋升为兵部郎中、权知开封府。加上龙图阁直学士的职衔，又晋升为端明殿学士，正式担任三司使。这种扶摇直上、一年之内晋升四次的速度，使许多人感到吃惊。

三司使是户部副使的顶头上司，包拯任户部副使时，亲眼目睹了张尧佐的为人。当包拯踏入谏院，便着手整顿纲纪，端正朝风，和谏官陈旭、吴奎等人对张尧佐提出弹劾，展开抨击，指出张尧佐是个庸才，建议宋仁宗皇帝把他调离三司，降职使用，改授其他闲散职务。

之后，张尧佐不但没有被贬谪，反而提升为比三司使还要高的宣徽南院使，并同时兼任另外三个重要任务。这次弹劾的结果是张尧佐的权势更大了。很明显，宋仁宗皇帝有意要挫谏官的锋芒。

皇帝的任命一出，群臣议论纷纷。包拯在三天内又上了第二道奏章，更尖锐地指出张尧佐窃据高位，不知羞愧，是盛世的渣滓，白昼的魔鬼！其用词是异常的尖锐。

过了几天，未见动静，包拯又发动第三次弹劾，指出张尧佐一日而授四使，比之过去，史无前例，放之今日，人心不安，这不仅破坏了章法，损害皇上的威信，也损害了江山社稷的利益，是万万使不得的。

宋仁宗皇帝仍听不进这些意见。

这时，不仅唐介、张择行、吴奎群起参加弹劾，连平时很和气的御史中丞王举正也挺身而出，直言张尧佐恩宠过甚，使忠臣齿冷，义士心寒；如不采纳，请罢御史中丞之职。

台谏已经发展到大臣要掼纱帽了，宋仁宗仍然下不了决心。

王举正不得已亮出最后一张王牌，要求廷辩。也就是与宋仁宗当面诤谏。在这次廷辩当中，包拯作了长篇发言，措词激烈，情绪激动，唾沫溅到了宋仁宗的脸上。满朝文武大臣，大惊失色，宋仁宗处境尴尬，摆驾回宫。

这次廷辩震动了全体朝臣。聪明多智的张贵妃从中疏通，张尧佐自动请求辞退了一些职务。但是宋仁宗皇帝用了一个缓兵之计，只过了几个月又把宣徽使的重任交给了张尧佐。包拯又继续与吴奎联名上章，指出张尧佐贪欲过盛，不能逞其私欲，熏灼天下。

四天不见回音，包拯又连续上章，提醒宋仁宗，大恩不可频频给人，给多了就降低了君王的威信；群臣的舆论不能固执地违背，抵触过分了就会失去人心，造成动乱。

这样一再地劝谏，宋仁宗终于被说动了，张尧佐不再升迁。

张贵妃又病死，外戚擅权的危险局面才算暂时缓解。

六次弹劾张尧佐，是包拯一生许多重大事迹中的其中一件。从这里，我们可以看出他那刚正不阿、大奸必摧、敢担风险的大无畏精神。

香港首富李嘉诚先生，因财富雄踞世界华人之前列，更因其为祖国"四化"建设所作出的贡献，名字早已为人们所熟悉。

李嘉诚出生在广东省潮安县（今潮州市）的一个书香世家里。他的父亲李云经是个小学校长，家境清贫。李嘉诚自幼聪颖好学，不满5岁开始念书。11岁那年，父亲携全家逃难到了香港。忧国忧民、心力交瘁的李云经不幸染上肺病，因为无钱负担昂贵的医药费，年仅45岁便英年早逝了。少年李嘉诚经历着他人生的第一场苦雨——穷，此后他开始学会忘却自己的年龄，思索替代了悲戚！

"不！我不要穷！"李嘉诚从心底发出一声呐喊。身为长子，他毅然担负起抚养弟妹的家庭重担。从此，他离开学校，走上了漫长的打拼之路，时年仅14岁。

李嘉诚获得的第一份工作，是在一家玩具制造工厂里当最低级的推销员。每天奔波16个小时。由于他勤劳刻苦，机敏精干，很快就得到了老板的赏识。在李嘉诚20岁时，便被提升为该厂的经理。李嘉诚并未因此而满足，仍日间做工，夜间上夜校苦读。并且，他生活克勤克俭。经过8年努力，他终于积攒了一笔钱，到1950年以5万港元的资金，创办了长江塑胶厂，专门生产玩具以及家庭用品，之后公司易名为"长江实业公司"。

刚开始创业的头几年，李嘉诚身兼数职：管理厂务，督导生产，对外联络，跑推销。每天工作十七八个小时。

饱尝了无尽的艰难困苦之后，李嘉诚开始崛起了！在他辉煌的创业史上，特别引人注目的有以下几个篇章：

20世纪50年代中后期，香港经济起飞之时，李嘉诚先人一步跨入塑胶花界，并崭露头角，继而威风凛然地在国际市场上独占"花魁"；50年代末期，李嘉诚又不声不响地进入地产界；60年代开始崛起于地产业的浪潮中；70年代末期，雄跨地产界，一跃成为"地产新生"，亿万富翁。这就是李嘉诚以其独有的准确奇妙的预测能力和机敏果断的应变能力谱写的一曲"长江之歌"！

在李嘉诚的个人档案中，有几件事应当被载入史册：在美国《财富》杂志的"十亿身家富豪榜"上全世界98名亿万富豪中，李嘉诚以资产25亿美元（约合200亿港元），排名第26位；美国《福布斯》杂志评出的"世界十大华人亿万富豪"中，李嘉诚位居榜首。1980年，李嘉诚被香港电台、美国万国宝通银行联合评选为该年度"风云人物"；1990年，他又获该年度《南华早报》商业成就奖。

李嘉诚以其无畏的精神，勇敢地挑战生活，终于取得事业的成功。而在世界革命史中，以无畏的牺牲精神名垂青史的人物就不得不提起保尔·柯察金。可以说一提到保尔，知道的人都会情不自禁地背出那段闪亮的名言——"人的一生应该这样度过……"

"十月革命"爆发后，只有16岁的保尔·柯察金就参加了红军。无论在战争年代，还是在国民经济复苏时期，保尔·柯察金都表现出大无畏精神，钢铁一般的意志，强烈的爱国主义和对人民的无限忠诚。他对生活无限的热爱，对事业无比的忠诚和无私的奉献，对困难无所畏惧的斗争，以及对肮脏与无情的鄙视与嘲讽，赢得了人们对他的尊敬与爱戴。而这些也向我们诠释了英雄的内涵，让我们牢记应怎样去书写人生。

谢甫琴柯是一位有骨气的、不畏强权的乌克兰诗人，在至高无上的沙皇面前，他敢于蔑视他，嘲讽他。谢甫琴柯被沙皇召见时，宫殿中所有人都毕恭毕敬地向沙皇弯腰，但谢甫琴柯却凛然站立着，冷冷打量着沙皇。沙皇怒斥他为什么不鞠躬。谢甫琴柯说："不是我要见你，而是你要见我。如果我也像周围的人那样在你面前深深弯腰，你怎么能看清我呢？"

古今中外有骨气的文人很多，但能做到蔑视强权，不给统治者鞠躬弯腰者少之又少。

那些全球最杰出的企业家，如通用电器的杰克·韦尔奇、微软的比尔·盖茨和惠普公司的路·普拉特等，他们也会遇到各种的不如意，有时即使是竭尽心力也不能给企业带来更多的价值。

他们是怎样对待这些问题的呢？那就是无畏。如果你屈服于畏惧的压力，它反而会对你产生更大的影响，由此产生的结果往往是你所不能承受的。例如，你害怕被人拒绝，就会摆出屈尊俯就的姿态，而这恰恰是对方所厌恶的；在你害怕失败的时候，你会因为丧失自信从而表现得更加差劲。

在对自身能力有充分的认识和把握之前，你必须要面对、克服这些畏惧心理。只有无畏才能使这些问题远远地离我们而去。

因为畏惧而痛失良机的例子也不少见。1967年，瑞士手表制造商在其研究中心发明了电子石英表，但当时的业内都认为机械表才是正统，并未给予充分重视，便放弃了石英表的产业化。谁会要一块没有发条的手表呢？20世纪70年代，这一决策却使瑞士手表的市场占有率从65%下降到了不足10%。出现这一结果的原因在于，日本企业认为，石英表这项技术大有前途，遂投资进行大批量生产。日本制表厂大规模生产物美价廉的石英表，使手表从奢侈品转变为经济的电子产品。"石英风暴"迅速席卷全球，日本石英表走向世界。

这使得很多瑞士品牌受到打击，产量锐减，瑞士钟表业处于崩溃边缘，不得不纷纷转型生产石英表。

所以，我们要有"挑战"的精神，敢为人先，敢做敢当，敢于失败，无所畏惧，勇往直前。

有这样一个故事：有位青年一心想成为英雄，却不知如何才能成为真正的英雄，于是决定去求教隐居深山的一位智者。青年经过三个月的跋山涉水，终于在深山里的一个小木屋找到了智者。可这位青年五次前往智者的居所叩门请教，智者都以"你来得太晚了""你来得太早了""你来得太迟了""明天再来吧"等借口搪塞青年，闭门不见。青年第六次去敲智者的门时，智者又说："我要休息了，你明天再来吧！"这位青年怒从心起，大声说："每次你都这样推三阻四，我什么时候才能成为真正的英雄？"说完便将智者的门一脚踢开，气势汹汹地闯了进去。智者笑眯眯地看着怒发冲冠的青年说："我等了六次，就看你是否敢打开我的门。要成为真正的英雄，首先要敢于打破和自己隔开的各种门，世间万物就藏于一门之隔。今天的举动，已证明你向英雄之路迈出了第一步。"

是的，我们干事情，干成事情，干成大事情，就是要有一定的胆识，有敢于担风险、勇于闯难关的无畏精神。缩手缩脚、畏首畏尾、不敢越雷池一步，是永远看不到最美丽的风景的。不敢打开那扇紧闭的门，只能永远在门外徘徊、顿足，永远获取不到成为英雄的要义，也永远迈不出通向成功之路的第一步。

我们渴望激情，那种刹那间令人血脉偾张的冲动，那种不可遏制的无畏豪情，将会点燃我们生命的火花，照亮我们前进的道路。

人生就是一场无休无止的搏斗，为理想，既要抗拒世俗的压力，又要克服自然的困难，一旦踏上人生的征程，苦难、挫折、不幸就将纷至沓来，生活重压下的苦闷、彷徨、挣扎、绝望也许就会时隐时现，无畏的精神让我们更加坚强，坚定、勇敢、自信地冲破一切世俗的、传统的羁绊，去开创一个崭新的未来。

要做就做到最好

狼族中有高层狼与底层狼之分，后者通常是公狼，而且是族群中个头最小的小家伙。这个可怜的小不点常常会受到狼族群中其他成员的虐待与排挤，特别是在吃东西的时候，它往往排到最后一个。但是，这个不起眼的小不点却有扭转乾坤的神奇力量：当它们熬过这些难关而存活下来，这些狼自然而然地就会变成最有韧性的动物。

这些狼在残酷的环境下经过一段时间的冒险，并证明自己的真实生存能力之后，就会离开狼族，变成"孤独之狼"。

这些"孤独之狼"最后或者参与其他族群，或者找到伴侣，开始经营属于它们自己的族群。这就是狼的气节。

由此可以看出，狼是不甘于平庸的，它们生存就有它们生存的价值、目标。它们按照它们的价值、目标去寻找生存的真谛——要做就做最好。狼族坚毅的气节特质，对群体的共同福祉有着必然联系，如果它们加入一个新的族群，它们会为新的族群注入新血，并且可以减少近亲交配的几率；如果它们成为自己族群的领袖，这个族群将有一个能够坚韧对抗强敌，并获得胜利的领袖。在狼的生命中，它们拥有无可比拟的坚毅性格，可以让它们在生存时对抗所有的强敌。

说到人杰，不得不首推项羽。项羽，出身于楚国的贵族。公元前209年，与叔父项梁杀死秦会稽郡守，响应起义，渡江北上作战。后项梁战死，秦军困围巨鹿。宋义、项羽率军救援。公元前207年，项羽杀死畏敌不勇的主将宋义，破釜沉舟，渡过漳水，经过激战，终于击败秦军。项羽被推为"诸侯上将军"，从此，成为反秦斗争中叱咤风云的英雄和领袖。项羽击败秦军主将章邯，最后章邯向项羽投降，项羽坑杀降卒20万人，消灭了秦军主力。攻入咸阳后，杀死秦王子婴，焚烧宫室，分割关下，自立为西楚霸王，定都彭城。项羽的分封引起了一些握有重兵的将领的不满，其中以汉王刘邦为主。项羽与诸王的争霸，主要是楚汉争霸。楚汉战争初期，项羽屡次打败刘邦，还曾俘虏刘邦的父亲和妻子。公元前203年，项羽与刘邦相持不下，双方以鸿沟为界，项羽引兵东归，刘邦却乘势发动进攻。第二年，刘邦会同各军，包围项羽，项羽连战失利，退至玉垓，遭受十面埋伏，在四面楚歌声中溃逃重围，最后单枪匹马到达乌江。有人划船接他过江，项羽想到当年率8000江东子弟渡江起义，如今仅剩他一人，自感无颜以见江东父老，于是拒绝过江，自刎而死。

楚霸王项羽"力拔山兮气盖世"，"生当作人杰"，可"时不利兮骓不逝"，乌江自刎，虽未"取而代之"，但"死亦为鬼雄"。项羽一生虽然短暂，但纵观其一生，神勇无比，也是人中之杰。不然，宋朝著名女词人李清照也不会用："生当作人杰，死亦为鬼雄"的诗句来赞颂项羽的气节。

民族英雄岳飞的抗金斗争，更是以其强烈的民族意识激奋人心，鼓舞人们杀敌上战场的力量。出身于农民的岳飞，在女真贵族灭了北宋，侵占了广大中原地区，进而威逼南宋，汉族人民面临生死存亡的危机之时，呼出了"还我河山"的豪言壮语，表示了保族卫国的雄心壮志。岳飞自20岁开始从军，转战于抗金斗争的最前线，在强烈的民族意识的感召下，写出了传诵千古的《满江红·怒发冲冠》词：

怒发冲冠，凭阑处、潇潇雨歇。抬望眼，仰天长啸，壮怀激烈。三十功名尘与土，八千里路云和月。莫等闲、白了少年头，空悲切。

靖康耻，犹未雪。臣子恨，何时灭。驾长车，踏破贺兰山缺。壮志饥餐胡虏肉，笑谈渴饮匈奴血。待从头、收拾旧山河，朝天阙。

岳飞英勇奋战了一生，后来，遭投降派秦桧以莫须有的罪名所陷害，仅39岁的杰出民族英雄——岳飞被毒杀。

上有岳飞，下有陈文龙。陈文龙虽不足与岳飞并肩，但其所作所为也不枉此生。1276年正月，元军的铁骑踏破了南宋大好的河山，踢开了京都临安（杭州）的城门，俘恭帝和两太后北去。大宋的气数殆尽。

是年五月初一，益王赵昰在福州城内的"垂拱殿"登基，称端宗，颁"景炎"年号，升福州为"行都"（临时首都），并改名福安府，以重整旗鼓，建立起抗元救宋的中央政权，誓与元兵抗衡到底。

不日，行都垂拱殿上，年届44岁的宿将陈文龙再次被任命为参政知事，参与朝政，匡复社稷。此时，陈文龙心潮起伏，抚摸着殿外的老榕树，想到大宋半壁江山沦于敌手，不禁潸然泪下，岳飞"还我河山"的洪亮声音在耳畔响起，他决心慷慨报国，战死沙场，马革裹尸，"生当作人杰，死亦为鬼雄"！

景炎元年（1276年）十月，元军攻陷行都，端宗退守泉州。兼任闽广宣抚使的陈文龙，率军坚守在莆田、兴化一带，成为抗击元军的中流砥柱。十二月初，陈文龙以城中不足千人的兵力与数万元军浴血奋战。不幸，二十五日元军在叛徒的策应下，破城而入，俘陈文龙全家，押解行都。

兵燹后的行都福州城，处处是残垣断壁，一片狼藉。陈文龙感慨万千，叹道："国破如此，我既被俘，当速死。"他被囚于城内的元军大营，其母被拘于行春门外的尼姑庵。敌酋执陈文龙来到尼姑庵，当着生病的陈母面劝降："先生应怜母老子幼，归了大元，必荣华富贵。"陈文龙双眦欲裂，斥道："速杀我，莫害无辜，别废话！"句句金石，掷地有声。他握着老母的手，两眼泪涟涟。陈母甩开陈文龙的手，哭道："自古忠孝不两全，今日为了国家社稷而死，死得其所。吾与吾儿同死，满门忠烈，有何恨哉！"她大义凛然，哭罢气绝而亡。陈文龙泪雨滂沱，为母亲壮烈殉国而深深哀悼，泣不成声："娘呀！我家世受皇恩，如今国破家亡，国仇家恨如海深，我决无投降之理，我愿随娘去也！"口吐鲜血，昏厥于地。全寺的尼众为陈文龙母子的悲壮忠烈而动容饮泣，金鸡山也俯首志哀。山寺同悲，感天动地。

好一会儿陈文龙醒来。叛将弯腰谄笑着对他说："陈将军，听说了吗？赵昰逃离泉州后已死于途中，宋祚已尽，你报国无门，还是识时务者为俊杰呀！""呸！夏虫不足语以冰，逆臣不足语以忠。舍生取义，杀身成仁，我之本分，勿复多言！"陈文龙一腔正气，气势如虹。他拼出全身气力，巍然屹立，为端宗的不幸罹难而肝肠寸断，悲恸欲绝。面对敌酋、叛将，他怒火中烧，成诗一首："书生守志誓难移，得死封疆是此时。未闻烈士树降旗，惟有丹衷天地知。"吟罢又昏了过去。

旬日后，陈文龙被押离行都北上。他依依不舍再三辞拜行都。从此，陈文龙粒米不进，滴水不沾，意欲绝食成仁，义无反顾地走向死亡，去实践他"生为宋臣，死为宋鬼"的忠贞誓言，去谱写他辉煌的民族英雄的史诗。

常听人说"我喜欢过平淡的生活,与世无争,不求辉煌,只求一生平安"。也许这是一部分人的人生观,但我不禁要感叹李清照的"生当作人杰,死亦为鬼雄"的名句空流传了几千年。所谓的平平淡淡过一生,在我看来,就是缺少理想,没有目标,糊涂地走过一生,即便获得了什么,也是唾手可得的,于是,我真的怀疑这样的一生是否有必要一过。

朋友,只要你擦亮眼睛,你就会发现,生活中成功并不遥远。平淡固然是一种美丽,但这种美丽未免有些苍白而又缺乏生机。当你还拥有未来的时候,亲爱的朋友请不要说"平平淡淡才是真"。电影《英雄儿女》中王政委讲的:"一个人活着就要像条龙,不能像条虫"的豪言壮语,又怎能不鼓舞我们自信自强呢?让我们凭借无畏的勇气一飞冲天,直冲云霄。不敢落后,生为人杰。

拥有狼性无畏的精神,常常可以从一无所有创造出辉煌。汽车大王福特就是其中最好的一例。

比爱迪生晚出生 16 年的美国汽车大王亨利·福特的童年、少年有许多与爱迪生相似的地方。亨利·福特也出生在离底特律市不远的迪尔木村。父亲是一个生活宽裕的小农场主。小福特自幼就对"滴滴答答"走个不停的钟表特好奇,总爱拆开来探个究竟。家中几乎所有的钟表都被他拆得七零八落,拆开之后再照原样重新装好。拆了装、装了拆,从不厌倦。因此,家里人只要看见小福特回来,便立刻慌慌张张地把那些手表藏起来。自家的钟表全拆遍后就开始去拆左邻右舍的。就连上课时也将书本竖在课桌上,躲在书本之后继续进行他喜爱的钟表匠的"游戏"。不断地拆装,使小福特掌握了许多钟表的机械原理,从而小小年纪就可以为村里的人们修理各式钟表了。

也是在儿时，小福特看到工人们修筑水堤，于是就画了一张草图，和小伙伴们一起在村里的水渠中筑了一条土坝，但筑坝之后他们忘了将土坝拆掉，结果水渠改道淹了村民的庄稼地，因此闯下了大祸。也是在 12 岁那年，小福特生平第一次看到了不用马拉动的蒸汽车。他惊讶至极，围着汽车看了又看，提出了一连串的问题。当小福特明白了是煤将水烧开产生蒸汽，蒸汽以其自身的力量推动车轮转动时，他表现出了从未有过的兴奋与激动。他第一次意识到钢铁的动力可以代替人类血肉之躯的体力劳动，同时也可以取代畜力。从这时起小福特就立下了志向，一定要造出不用马拉而靠机器推动行走的车辆。为了弄清蒸汽动力原理，他曾用一个瓦罐烧开水，为了证明蒸汽的力量，他将盖子封严，结果蒸汽压力增大，将瓦罐炸裂，他的一位朋友也被碎片重伤了腹部。此外，篱笆也被炸得着火燃烧。小福特为此还受了伤，留下了一条伤痕。小福特没有因此气馁，而是查找失败的原因继续做实验。父亲、兄弟姐妹、邻居都对他感到费解，叫他"怪人"。但是福特的母亲玛丽却非常支持他，因为母亲认为他是一个"天才的机械师"，给他提供工具，并且不断鼓励他。福特一生所表现出的镇静、沉着、不屈不挠的性格，与母亲的教育培养不无关系。

之后，母亲突然病逝。但母亲的一句箴言却永远铭刻在福特的心里，成了他一生创业精神的宗旨："你必须去做生活给予的不愉快的事情，你可以怜悯别人，但你一定不能怜悯自己。"由于家人的不理解，福特出走了，去寻找自己的生活。他先后在密歇根铁路车厢制造厂、底特律机械工厂、底特律造船厂、西屋引擎公司工作过，但那都不是他梦想的地方。福特不甘心只做一个雇员，他要当经理，创办公司，做老板，开创一番空前未有的事业。为了实现当企业家的梦想，福特又不断地学习，加强自身修养，并很快熟练地掌握了制图、速记、打字和会计技能。

1891 年的一天，一次偶然的机会，福特看到了一部汽油发动机。震惊之余，更加坚定了他离开田园、开创机械事业的决心。1892 年 9 月 25 日，福特告别了家乡，告别了父母和亲人，只身来到底特律，正式受雇于爱迪生公司，担任主发电厂经理兼工程师。无论是迷惑不解的父亲，还是后来的福特自己，都没有想到一个改变世界的著名企业家的成功之路从此开始了。有一次，他随父亲坐马车到底特律去。一路上，马车和人拉的车川流不息。突然，他眼前出现了一个庞然大物，发出巨大的响声。这是他生平第一次看到的一辆无马的四轮车，用蒸汽推动、在马路上行走的比马车更具流线型的车子。他惊讶得几乎跳起来。

由于道路狭窄，为了让马车通过，这辆蒸汽车停了下来。福特立刻跳下马车，仔细地观察起来。蒸汽车的铁制前轮很大，在战车般的履带上绕着粗铁链；前轮上方有一个大气锅，喷发着蒸汽，由此而带动引擎；后轮很高，后面牵拉着载有水槽和煤炭的拖车，看起来就像蒸汽火车头在平地上行走一样。他好奇地向驾驶员请教。态度和蔼的驾驶员不厌其烦地介绍车子的性能和操纵方法，并邀请福特去他家练习驾驶蒸汽车。他们成了一对好朋友。从此，亲手制造"利用引擎行走的车"成了他的梦想。当亨利·福特驾着它穿街过道时，许多人喊他是"疯子亨利"。然而，当福特在底特律的街上被人讥笑时，在爱迪生公司内部，亨利·福特却已是一名高级工程师和管理人员了。他制造汽油机动车的设想受到爱迪生的充分肯定和称赞，甚至被其认为是"创世纪的发明"。

更受爱迪生赞许的还是福特那大胆发明创造的精神和忘我的

工作热情，因为这才是"成功企业家的气质"。但福特的道路并不像爱迪生预言的那么顺利。首先他就遇到了和老板的冲突。

他的老板，底特律汽车公司总裁亚历山大认为，只有电动车才有前途，汽车只是一种异想天开的玩意儿。受了打击的福特表现出了极其坚定的意志，在职位和汽车之间他毅然选择了后者。失去了工作、地位和向上发展机会的福特当时年已36岁，他虽然身无分文，但并没有气馁，更没有动摇。发明家的远见和企业家的果敢使他坚信，自己一定会成功。汽车业在美国已发展起来，尚未成功的福特又遇到了一个重大挑战：市场的选择与淘汰。如何赢得市场并站稳脚跟呢？福特锐利准确的眼光落到了车速上。

到了1901年夏天，他的第一辆赛车造出来了。它具有25马力，车体轻，速度快，直道上跑可达每分钟1英里。这年的10月10日，是决定福特和他的汽车的命运的一天。底特律赛车比赛开始了。福特参加的是汽油车10英里竞赛，而对手是凭赛车活动而称霸同行的克利夫兰汽车制造商温顿。

这是决定福特和他的汽车的命运的一天。随着"开始"的号令一响，两辆车就同时冲了出去。车子跑到转弯处，福特不得不减低速度，温顿趁机超出。但到了直线跑道后，福特便加足马力追赶，博得全场观众热烈的欢呼声。这时，温顿的车子突然从车尾喷出蓝色烟雾，显然是出故障了，只好降速慢行。于是，福特在观众欢呼声中，迅速超过温顿，以绝对优势获得了冠军。这是他一生的转折点，也为汽车业开创了一个新纪元。福特和他的汽车声名远扬，吸引了大批投资者，但也树立了许多强有力的竞争对手。

在最初的创业生涯，福特先后经历了两次失败，但并未能使福特退缩，他凭着无畏的精神继续向前走。随着汽车行业进入动荡不安的发展阶段，在激烈的竞争中能站住脚的只有富兰克林、皮尔斯、别克、斯坦利、卡迪拉克和福特。夹在几个实力雄厚的大公司之间，福特公司的地位仍是岌岌可危。如何在竞争中立于不败之地呢？福特独特的企业家眼光仍落在赛车上。只有他自己清楚，这是一场什么样的赌博，福特公司随时都有全军覆没、一蹶不振的可能。但他还是决定铤而走险。

不经风险，不会有企业的成功；不战胜风险，也就不配当企业家。于是，在1903年6月，福特和他的主要投资人马尔科姆森一起，广泛集资，又一次办起了福特汽车公司，吸收最好的设计师、技术工和推销员，并聘请一位专家库兹恩斯任销售经理。他所雇的著名广告人卡普斯还为福特车设计了独出心裁的有力广告，积极将产品推入市场。然而，最重要、最有力的竞争手段是扩大生产，不断创新。因此，这次福特的设计重点是使他的汽车不仅要快，还要省燃料、保质量、争实惠。终于，在这一轮竞争中，福特公司大获全胜，一跃成为全美最大最有实力的汽车公司。福特本人也取得了决定性的成功——收购了合伙人马尔科姆森的全部股份，圆了他20多年来的老板梦。福特敏锐地预感到，汽车的时代到来了，他要成为这个时代的主宰，开创一个"福特的时代"。

福特知道，大规模的汽车生产需要一整套系统的现代化的技术与管理。在不断摸索中，福特创造了一套独特的管理方式。为了提高工人和职员的工作热情，他常在工休时间去和他们亲密交谈。他平易近人、和蔼可亲，不断说些鼓舞人心的话。福特不是一个守财奴似的老板，他会在合适的机会给工人加薪，并奖励工作出色的雇员。1927年经济萧条时期，福特甚至穿了件肘部打了

补丁的皮夹克上班，借以提醒工人时局艰难，激发他们的奉献精
神。亨利·福特今天在美国人的心目中仍享有很高的赞誉，被称
为"汽车大王""英雄"等。这些荣誉对亨利来说是当之无愧的，
他在美国汽车发展史上创造了一个又一个的新纪录。

伺机而动，全力出击

在北美的旷野上经常会出现这样的场景，一群分散的狼突然向一群驯鹿冲去，引起驯鹿群的恐慌，导致驯鹿纷纷逃窜。这时，狼群中的一匹"剑手"会斜冲到鹿群中，抓破一头驯鹿的腿。狼群之所以选中这头驯鹿，也许就是因为它们发现它的某些特点易于攻击，随后这头驯鹿又被放回归队了。奇怪的是，当狼群攻击鹿群中的一头驯鹿时，周围那强健的驯鹿并不援救，而是听任狼群攻击它们的同胞。这样的情况一天天地加重，受伤的驯鹿渐渐失掉大量的血液、力气和反抗的意志。而狼群在耐心地等待时机，他们定期更换角色，由不同的狼来扮演"剑手"，使这头可怜的驯鹿旧伤未愈又添新创。最后，当这头驯鹿已极为虚弱，再也不会对狼群构成严重的威胁时，狼群开始全体出击并最终捕获受伤的驯鹿。实际上，此时的狼也已经饥肠辘辘，在这种煎熬中几乎饿死。有人想问，为什么狼群不直接进攻那头驯鹿呢？因为像驯鹿这类体型较大的动物，如果踢得准，一蹄子就能把比它小得多的狼踢翻在地，非死即伤。耐心保证了胜利必将属于狼群，狼群谋求的不是眼前小利，而是长远的胜利。这种伺机而动的耐性对人也非常重要。

有这样一个小故事：

一个创业的年轻人在遭受了几次挫折后，有点灰心了，茫然地依靠在一块大石头上，懒洋洋地晒着太阳。

这时，从远处走来了一个怪物。

"年轻人！你在做什么？"怪物问。

"我在这里等待时机。"年轻人回答。

"等待时机？哈哈！时机是什么样，你知道吗？"怪物问。

"不知道。不过，听说时机是个神奇的东西，它只要来到你身边，那么，你就会走运，或者当上了官，或者发了财，或者娶个漂亮老婆，或者……反正，美极了。"

"嗨！你连时机什么样都不知道，还等什么时机？还是跟着我走吧，让我带着你去做几件有益于你的事吧！"怪物说着就要来拉年轻人。

"去去去！少来这一套！我才不会跟你走呢！"年轻人不耐烦地说。

怪物叹息地离去。

一会儿，一位长髯老人（我们常说的时间老人）来到年轻人面前问：

"你抓住了它吗？"

"抓住它？它是什么东西？"年轻人问。

"它就是时机呀！"

"天哪！我把它放走了！"年轻人后悔不迭，急忙站起身呼喊时机，希望它能返回来。

"别喊了。"长髯老人接着又说："我来告诉你关于时机的秘密吧。它是一个不可捉摸的家伙。你专心等它时，它可能迟迟不来，你不留心时，它可能就来到你面前；见不着它时，你时时想它，见着了它时，你又认不出它；如果当它从你面前走过时你抓不住它，那么它将永不回头，使你永远错过了它！"

机遇往往都是瞬间出现，而又瞬间消失，善于把握机遇的人往往会成为最后的成功者。

上天始终是公正的，它会公平地分给每个人一些大大小小的机遇，有些人善于把握机遇成为了个成功者，而有些人却不在乎每一次的机遇，最终一事无成。

秦末汉初的叔孙通，可算是一个知道伺机而动的聪明人。他原来是秦王朝的待诏博士，后来带100个门生投靠刘邦，刘邦不喜欢儒生，他专门推荐"斩将搴旗之士"。他的弟子很有怨言。他对弟子们说："现在是打天下的时候，你们能参加战斗吗？你们耐心等着，我不会忘记你们。"刘邦即帝位以后，废除秦时仪法，结果"群臣饮酒争功，醉或妄呼，拔剑击柱"。刘邦很恼火。叔孙通看准这个机会，向刘邦建议说："夫儒者难与进取，可与守成。臣愿征鲁诸生，与臣弟子共起朝仪。"于是他邀请鲁国的儒生和他们的弟子共百余人操演皇帝上朝的礼仪。后来正式按这套礼仪举行朝典，没有人再敢喧哗失礼。刘邦非常高兴，说："吾乃今日为皇帝之贵也"，拜叔孙通为太常，赐金五百。叔孙通又趁机对刘邦说："我的弟子跟随我很久了，这次和我一起制订、操演上朝的礼仪，希望陛下能重用他们。"结果，他的弟子都得到了"郎"的职位。叔孙通把刘邦赏的五百金也分给众弟子，弟子们皆大欢喜，说："叔孙生诚圣人也，知当世之要务。"

叔孙通的行为受到一些儒生的批评。他为人处世的确有逢迎讨好的庸俗作风。例如他为了讨好刘邦，脱下儒服，换上短装。但他能够识时务，伺机而动，这一点对我们是有启发的。司马迁也称赞他"希世度务，制礼进退，与时变化，卒为汉家儒宗"。掌握时机要和发挥主观能动性结合起来。有时会出现有利的时势、环境和条件，人们只要善于利用，就能取得成功。有时只能看到时势变化的趋势，但没有提供现成的有利条件和机会，这就要根据时势的变化趋势，创造成功的条件和机会，不能消极被动地应付时势，坐待时机。

在冰天雪地中等待经过的羊群，所付出的是最坚强的勇气和耐心。那些飞速奔跑的羊出现了，但绝对不是最好的机会。这正如世界知名的基金经理朱利安·罗伯森的名言"我一直等到钱落到离我不远的角落里，然后我所要做的事就是，去捡回来"。直到那只既老又笨且肥的羊出现在很近的距离的时候，狼才腾身而起，抓住等待换来的美餐。

狼道的这一条告诉我们，耐心比信心更为重要。信心是投资的动机，而耐心才能兑现机会，获取收益。没有耐心的投资者总是在不断地买入卖出中消耗自己的体能和金钱，甚至消耗自己的信心。

第 三 章

借力取势，善于变通

韬光养晦，大智大勇

狼有灵敏的嗅觉和宽阔的眼界，狼凭借嗅觉和视觉，并依循足迹等线索寻找猎物，狼若发现自己不占优势时，就会尽可能悄悄接近猎物。一旦被狼相中的猎物逃跑时，狼会随后紧追，若无法立即追获，便会很快打消念头，立即放弃眼前的猎物，转而寻找其他的猎物，因为，狼宁可选择长期等待而换取的胜利，也不愿以生命换取短期的利益。当狼很靠近猎物时，会咬住猎物后腿踢不到的位置，像肩部、臀部、颈部等。狼群为达成目标所使用的策略是变化万千的，这就是狼性的多变，是它们智慧的生存法则，狼群也是凭借这种高明的策略而达到最终目的的。

"韬晦"，即在形势不利于自己的时候，表面上装疯卖傻，给人以碌碌无为的印象，隐藏自己的才能，掩盖内心的政治抱负，以免引起对手或政敌的警觉，等待时机，实现自己的抱负。这不失为一种变通的好方法。或许有人会说这样一来不就有"窝囊"之嫌了。其实不然，而对猖獗的恶势力，只知躲避、退缩而永远都不敢挺身而出，无所作为者，谓之窝囊；而善于从容退让，暂时忍受屈辱，暗地里默默积蓄力量，等候转败为胜的时机，这不是窝囊，而是忍辱负重，此亦韬晦之计，是大智大勇之表现。

韬晦之计在中国有着悠久的历史，周朝数百年的基业和历史更是韬晦之计的例证。当时，周族势力的壮大引起了商王的猜忌，唯恐他们会形成与商抗衡的力量，于是商王文丁袭杀季历，企图以此遏制周的势力。季历之子姬昌，便是历史上有名的周文王。姬昌继位后急于为父报仇，结果被商朝打得大败。因此，他表面上对商朝恭敬臣服，暗中广招贤才，励精图治。当时贤士如太颠、闳夭、散宜生等都被罗致，积极协助他筹划灭商大计。

商纣王起先因姬昌为人恭顺、封他为西方各族的首领——西伯。西伯在各方国、诸侯中的威望、地位日益提高，纣王又囚禁西伯于羑里（今河南汤阴北）。纣王杀掉扣押在商朝作人质的西伯之子伯邑考，把肉制成肉羹让西伯品尝，以考察西伯是否洞晓世事。西伯假装不知，忍痛喝下，蒙骗纣王。周的大臣又挑选美女、珍宝、名马献给纣王，姬昌才免遭毒手。西伯归国后加紧访求贤才，如后来在灭商中建立大功的姜尚（即姜子牙）就在此时被西伯任用。

韬晦之计为周的强盛奠定了良好的基础，吸引了许多部落，使得当时天下三分，周有其二，为以后武王灭商创造了良好的条件。

因为野心人人都有，位子却是有限的。在这僧多粥少、树大招风的年代里，你公开自己的真实目的，就会被人处处提防，自然也就会被你的竞争对手看成是一种威胁。做人当以保存自我为前提，也就是要懂得自我保护的方法，在该表现时表现，不该表现时就低姿态一些，不要闹得沸沸扬扬。

群雄争霸的春秋时代，楚国雄踞南方，起先也被中原诸国瞧不上眼，而且在文化性格上被贬为"荆蛮"。但就是这个"荆蛮"，有筚路蓝缕的创业史，出了不少大有作为的君主。其中，春秋五霸之一的楚庄王就是采取韬晦之计成就了他的霸主地位。

楚庄王在继位时，并不是一个英明能干的君主，相反，表现得十分昏庸。继位三年没发出过一个文件，整日声色犬马、饮酒作乐，并在朝廷门前贴出告示"有敢谏者死无赦！"大臣申无畏朝见，楚庄王左抱郑姬、右抱蔡女，坐在乐队中间，问"你来干什么？"意见与建议是不敢直说的，不妨打个比喻试试。申无畏说："有五彩大鸟，栖于楚国高坡之上，已有三年，不见其飞、不闻其鸣，不知此是什么鸟？"问中带讽，敢向有生死大权的一把手质询是什么"鸟"，真是"无畏"。楚庄王却坦然一笑，随口问道："寡人知道了。这非凡鸟，三年不飞，一飞冲天，三年不鸣，一鸣惊人！你等着看吧。"

而大鸟却一直不飞不鸣，楚国在群雄逐鹿中一直没拿出什么战略举措。苏丛等大臣实在等不下去了，面见楚庄王都声泪俱下，发誓要用生命来阻止楚国灭亡的命运。这时楚庄王才从大怒转为肃然起敬，表示要顺从众意，开始振兴行动。其实，他心中窃喜，要的就是你们心里憋出来的这一股有冲击力的猛劲。

他一出手便不同凡响。选拔年轻有朝气、有闯劲的上层干部，掣肘守旧派的权力。连内宫也立贤惠的樊姬为夫人，主持内宫工作。《史记·楚世家》以春秋笔墨记载：楚庄王浪子改悟，罢淫乐，听政，诛杀数百人，起用数百人，国人大悦。民主态度和用人标准的彻底改观，明法度、奖惩，自然民心所向。

朝纲整肃之后，便有了向外扩展称霸的底气，战略上便不断取得胜利。灭庸国后，伐宋，获战车五百乘，组建成当时机械化武装。与晋国大战，俘虏大将解扬，大胜使楚庄王认清了楚国实力，了解了中原大国的底细，由此进一步明确了楚国的战略方针。一鸣惊人的战略目标就是与周天子平分天下，各领南北。他在讨伐陆浑戎，大军经过雒水时，竟在周朝首都郊区布阵，以武力威胁，公然向周天子询问象征江山社稷的九鼎的重量。周天子在恐慌中以巫道天命之术责问，才缓释了他决战的锐气。

晋国为报前仇，并巩固霸权，以救郑国的名义，与楚国在邲交战，楚庄王又趁晋军高层意见分歧，打得晋军措手不及，获得全胜。这一战，决定了楚国霸主的地位。

我们从这个故事中也能解读出更多有价值的法则：楚庄王当初面临群雄争霸的局面，不是甘愿居后，而是在内政外交上条件不够成熟。所以他把自己的目标暂时隐藏起来——深藏宏图于声色犬马之后，让他人误以为他是个昏君。但最后的结果却是楚庄王不但有所作为，而且还取得了霸主的地位，同时也表明使用韬晦这一策略对楚庄王取得这一地位的重要性。

韬晦之计在战国时期更是屡见不鲜了。战国时期，秦国为了对外扩张，必须夺取地势险要的黄河崤山一带，派公孙鞅为大将，率兵攻打魏国。公孙鞅大军直抵魏国吴城城下。这吴城原是魏国名将吴起苦心经营之地，地势险要，工事坚固，正面进攻恐难奏效。公孙鞅苦苦思索攻城之计。他探到魏国守将是与自己曾经有过交往的公子行，心中大喜。他马上修书一封，主动与公子行套近乎，说道，虽然我们俩现在各为其主，但考虑到我们过去的交情，还是两国罢兵，订立和约为好。念旧之情，溢于言表。他还建议约定时间会谈议和大事。信送出后，公孙鞅还摆出主动撤兵的姿态，命令秦军前锋立即撤回。公子行看罢来信，又见秦军退兵，非常高兴，马上回信约定会谈日期。公孙鞅见公子行已钻入了圈套，暗地在会谈之地设下埋伏。会谈那天，公子行带了三百名随从到达约定地点，见公孙鞅带的随从更少，而且全部没带兵器，更加相信对方的诚意。会谈气氛十分融洽，两人重叙昔日友情，表达双方交好的诚意。公孙鞅还摆宴款待公子行。公子行兴冲冲入席，还未坐定，忽听一声号令，伏兵从四面包围过来，公子行和三百随从反应不及，全部被擒。公孙鞅利用被俘的随从，骗开吴城城门，占领吴城。魏国只得割让西河一带，向秦求和。秦国就这样轻而易举地取得崤山一带。

北京古史上最有影响的人物莫过于战国时古燕国的国君燕昭王了！燕昭王的父亲燕王哙，勤身忧民，支持变法改革。但由于用人不当，给燕国造成了一场内乱。当时的齐国和中山国乘虚而入，很快占领了蓟城，杀燕王哙，"毁其宗庙，迁其重器"。齐军于公元前312年撤兵一年后，燕昭王登上燕国王位，常"矜戟砥剑，登丘东向而叹"立下雪耻的大志。他夙兴夜寐，殚精竭虑，采取了以下策略来振兴燕国：

一、卑身厚币，以招贤者。

燕昭王尊郭隗为师，为其"改筑宫室而师事之"，且面向各国招贤。为齐国来的大知识分子邹衍拥慧折节，筑碣石宫，使其享受国宾待遇。大军事家乐毅从魏国奔来，名士剧辛从赵国来投……"士争趋燕"，"诸天下之士，其欲破齐者，大王尽养之；知齐之险阻要塞、君臣之际者，大王尽养之"。

二、委曲求全，迷惑齐国。

燕昭王用委曲求全的方式"使齐勿谋燕"。史载：有一次齐国攻打宋国，燕国派兵助齐，然而带兵的将领张魁却被齐王杀死。燕昭王知道后大怒，准备兴兵攻打齐国。但谋士为他仔细分析了形势，建议遣使到齐国谢罪，表明自己用人不当，请齐王恕罪。燕昭王照办，避免了过早暴露实力，迷惑了齐国。

三、派间谍离间齐国与各国的关系。

燕昭王破齐方案的形成和逐步实现，主要是依靠苏秦。苏秦离间齐、赵的关系，鼓动齐国伐秦灭宋、多建宫室园囿，以削弱齐国实力，多次向齐王讲述燕国对齐国的忠诚恭顺，劝齐王不要听信"恶燕者"的坏话，还信誓旦旦地保证燕国不会攻齐。燕破齐的前夕，苏秦几次统帅齐军与燕军交战，每战必败，使燕国的实力士气不断增强，以致他自己的处境极为艰难。随后五国联军伐齐，使苏秦彻底暴露了间谍身份，"齐王因而诛之"。可以说，苏秦誓死忠于燕昭王，是燕国振兴的第一大功臣。

四、吊死问生，与百姓同其甘苦。

五、修建下都，不让各国了解燕国虚实。

六、大张旗鼓地进行政治改革。

他接受乐毅"察能而授官"的建议，改革官吏制度，燕王之下设相国和将军，分掌政治、军事大权。与之配套，还制定了严厉的刑法。

经过二十八年的艰苦努力，"燕国殷富，士卒乐佚轻战"。燕昭王先是与赵国联合在公元前296年灭掉了中山国；其后"遂以乐毅为上将军，与秦、楚、三晋合谋以伐齐。齐兵败，闵王出走于外。燕兵独追北，入至临淄，尽取齐宝，烧其宫室宗庙。齐城之不下者，唯独莒、即墨。"

紧接着，燕昭王又派遣大将秦开，率军打败东胡，拓地千里；燕昭王还筑北长城，西起造阳，东抵襄平，达千余里，至今仍有遗迹存在；燕昭王还实行了郡县制，设上谷、渔阳、右北平、辽西、辽东五郡，郡下辖县，郡守和县令都由国王任命。

燕昭王是北京地区最早的英雄人物之一。有了他，才成就了苏秦、郭隗、乐毅、邹衍等人的千古英名；有了他，古燕国的历史才有了不可磨灭的篇章；他筑的黄金台、碣石宫，被千古传诵，他的事迹也被李白等诗人赞扬……

燕昭王在振兴燕国的策略中两次用到韬晦之计，一是委曲求全，迷惑齐国；二是修建下都，不让各国了解燕国虚实。试想，如果燕昭王不应用韬晦之计，其他策略即使再好，也无济于事，复蹈其父亡国之路也是不无可能的。

秦朝末年的匈奴首领单于冒顿，表面上看一副软弱可欺的样子，最后却将邻近的一个强大民族东胡消灭。单于冒顿突然发兵对东胡来说也是始料不及的事情，但明白之时为时已晚。

匈奴内部政权变动，人心不稳。邻近的一个强大的民族东胡，借机向匈奴勒索。东胡存心挑衅，要匈奴献上国宝千里马。匈奴的将领们都说东胡欺人太甚，国宝决不能轻易送给他们。匈奴单于冒顿却决定："给他们吧！不能因为一匹马与邻国失和嘛。"匈奴的将领们都不服气，冒顿却若无其事。东胡见匈奴软弱可欺，竟然向冒顿要一名妻妾。众将见东胡得寸进尺，个个义愤填膺，冒顿却说："给他们吧，不能因为舍不得一个女子与邻国失和嘛！"东胡不费吹灰之力，连连得手，料定匈奴软弱，不堪一击，根本不把匈奴放在眼里。这正是单于冒顿求之不得的。不久之后，东胡看中了与匈奴交界处的一片茫茫荒原，这荒原是属于匈奴的领土。东胡派使臣去匈奴，要匈奴以此地相赠。匈奴众将认为冒顿一再忍让，这荒原又是杳无人烟之地，恐怕只得答应割让了。谁知冒顿此次突然说道："千里荒原，杳无人烟，但也是我匈奴的国土，怎可随便让人？"于是，下令集合部队，进攻东胡。匈奴将士受够了东胡的气，这一下，人人奋勇争先，锐不可当。东胡做梦也没想到那个痴愚的冒顿会突然发兵攻打自己，所以毫无准备。仓促应战，哪里是匈奴的对手。战争的结局是东胡被灭，东胡王被杀于乱军之中。

生命对于每个人都是重要的，只有使自己存活，才能建立卓越的功勋。而东汉王朝创立者刘秀，就是以韬晦之计躲过生死之劫。

王莽末年，连年灾荒，各地义军揭竿而起，天下大乱。地皇三年（公元22年）十月，刘秀之兄刘演在春陵、刘秀在宛城，同时起兵反革。地皇四年（公元23年），绿林军人推刘玄称帝，刘演任大司徒。刘演因恃功与刘玄争权，被刘玄谋杀。时任太常偏将军的刘秀正征战在外，闻听兄长被杀，遂驰奔宛城，忍辱负重，主动向刘玄请罪。刘玄见其无反意，拜他为破虏大将军，封武信侯，行大将军事，命其持节征伐河北。他以废除王莽苛政、恢复汉室制度为号召，在河北豪强和官僚支持下，镇压农民起义军，收编部分义军，击败王郎割据势力，平定河北。更遣侍御史立刘秀为萧王，并令其回长安。他以河北未平为名，拒绝赴长安应征。当时，更始政权内讧，四方背叛。刘秀平定河北后，力量迅速壮大。更始三年（公元25年），遂在河北鄗城（今河北省柏乡县）称帝，后移都洛阳。经过长达十余年的征战，先后镇压赤眉等农民义军和削平各地封建割据势力，统一全国。在位期间，多次发布释放奴婢和禁止残害奴婢的命令，并将国有荒地租借给流民耕种；劝民农桑，兴修水利，减轻赋税，组织军队屯田；实行精兵简政，全国共裁并四百余县，精简大批官吏；废除掌握地方军权的都尉，逐步扩大以南北军为核心的中央军队；废除地方更役制；加强中央集权，强化皇权，极力防范功臣、宗室、诸王及外戚专权；进行官制改革，规定刺史为州一级地方官，可直接上奏皇帝，使三公形同虚设。这些措施，有利于恢复生产和安定社会秩序，在一定程度上推动了社会全面发展。所有的这些成就无不与刘秀的存活有直接的关系，前车之鉴，更使韬晦这一策略在三国时期发挥得淋漓尽致。

三国时期，曹操与刘备青梅煮酒论英雄这段故事，就是个典型的例证。刘备当时早已有夺取天下的抱负，只是当时力量太弱，根本无法与曹操抗衡，而且还处在曹操控制之下。刘备装作每日只是饮酒种菜，不问世事。一日曹操请他喝酒，席上曹操问刘备谁是天下英雄，刘备列了几个名字，都被曹操否定了。忽然，曹操说道："天下的英雄，只有我和你两个人！"一句话说得刘备惊慌失措，生怕曹操了解自己的政治抱负，吓得手中的筷子掉在地下。幸好此时一阵炸雷，刘备急忙遮掩，说自己被雷声吓掉了筷子。曹操见状，大笑不止，认为刘备连打雷都害怕，成不了大事，对刘备放松了警觉。后来刘备摆脱了曹操的控制，终于干出了一番事业。

三国时期的关羽重义气，怀除恶济世之志，破关斩将，威震九州，备受世人崇敬。但其痛失荆州，战败被杀，对后人来说终是一件憾事，究其败走麦城的原因与韬晦策略不无关系。在三国时期，因荆州地理位置十分重要，所以成为兵家必争之地。公元217年，鲁肃病死，孙、刘联合抗曹时期结束。

当时关羽镇守荆州，孙权久存夺取荆州之心，只是时机尚未成熟。不久以后，关羽发兵进攻曹操控制的樊城，怕有后患，留下重兵驻守公安、南郡，保卫荆州。孙权手下大将吕蒙认为夺取荆州的时机已到，但因有病在身，就建议孙权派当时毫无名气的青年将领陆逊接替他的位置，驻守陆口。

陆逊上任，并不显山露水，定下了与关羽假和好、真备战的策略。他给关羽写去一信，信中极力夸耀关羽，称关羽功高威重，可与晋文公、韩信齐名。自称一介书生，年纪太轻，难担大任，要关羽多加指教。关羽读罢陆逊的信，仰天大笑，说道："无虑江东矣。"马上从防守荆州的守军中调出大部分人马，一心一意攻打樊城。陆逊又暗地派人向曹操通风报信，约定双方一起行动，夹击关羽。

孙权认定夺取荆州的时机已经成熟，派吕蒙为先锋，向荆州进发。吕蒙将精锐部队埋伏在改装成商船的战舰内，日夜兼程，突然袭击，攻下南部。关羽得讯，急忙回师，但为时已晚，孙权大军已占领荆州。关羽只得败走麦城。

三国时期，魏国的魏明帝去世，继位的曹芳年仅八岁，朝政由太尉司马懿和大将军曹爽共同执掌，曹爽是宗亲贵胄，飞扬跋扈，怎能让异姓的司马氏分享权力。他用明升暗降的手段剥夺了司马懿的兵权。

司马懿赫赫战功，如今却大权旁落，心中十分怨恨，但他看到曹爽现在势力强大，恐怕一时斗他不过。于是，司马懿称病不再上朝，曹爽当然十分高兴。他心里也明白，司马懿是他当权的唯一潜在对手。一次，他派亲信李胜去司马家探听虚实。

其实，司马懿看破曹爽的心事，早有准备，李胜被引到司马懿的卧室，只见司马懿病容满面，头发散乱，躺在床上，由两名侍女服侍。李胜说："好久没来拜望，不知您病得这么严重。现在我被任命为荆州刺史，特来向您辞行。"司马懿假装听错了，说道："并州是近境要地，一定要抓好防务。"李胜忙说："是荆州，不是并州。"司马懿还是装作听不明白。这时，两个侍女给他喂药，他吞得很艰难，汤水还从口中流出。他装作有气无力地说："我已命在旦夕，我死之后，请你转告大将军，一定要多多照顾我的孩子们。"

李胜回去向曹爽作了汇报，曹爽喜不自胜，说道："只要这老头一死，我就没有什么好担心的了。"

过了不久，公元249年2月15日，天子曹芳要去济阳城北扫墓，祭祀祖先。曹爽带着他的三个兄弟和亲信等护驾出行。

司马懿听到这个消息，认为时机已到。马上调集家将，召集过去的老部下，迅速占据了曹氏兵营，然后进宫威逼太后，历数曹爽罪过，要求废除这个奸贼。太后无奈，只得同意。司马懿又派人占据了武库。

等到曹爽闻讯回城，大势已去。司马懿以篡逆的罪名，诛杀曹爽一家，终于独揽大权，曹魏政权实际上已是有名无实。

三国韬晦之计的运用范围，从对人而扩大到对事、对己。从普通韬略原则，提高到事关前途、命运的总体对策。从个别的对象处理，演化为对历史发展、形势格局的洞察预示，总而言之，对我们来说是不无益处的。

虽然韬晦之计在很大程度上是封建专制统治重压下人们为了自保不得不采取的一种特殊的避害方法，但是，韬晦之计的各种形式仍然显示出人的智慧价值。韬晦之计有明确的目的性与功利性，具有极强的主观意识。韬晦之计又有极强的进取性，虽然在表面上有许多退却忍让，却更显示人的韧性与忍辱负重的内在力量。

使用韬晦之计是显示人生智慧的突出例证，一些老谋深算者更是深谙此道，结果自然是事半功倍。想当年，东北土匪出身的张作霖便成功地为自己挖好了一条地道，结果官运亨通，扶摇直上。

张作霖是个野心勃勃的人，虽说已是土匪大头目，但他朝思暮想要弄个朝廷官干干。

奉天将军增祺的姨太太从关内返回奉天，此事被张作霖手下干将汤二虎探知，急忙报告张作霖。张作霖一拍大腿说："这真是猪拱门，把货送到家来了。"

于是张作霖就吩咐汤二虎，如此行事。

汤二虎奉命在新立屯设下埋伏，当这队人马行驶至新立屯时，被汤二虎一声令下阻截下来，随后把他们押到新立屯的一个大院里。

增祺的姨太太和贴身侍者被安置在一座大房子里，四周站满了持枪的土匪。这时，张作霖已经接到报告，便飞快来到大院，故意提高音量问汤二虎："哪里弄来的马？"

汤二虎也提高声音说："这是弟兄们刚在御路上做的一笔买卖，听说是增祺大人的家眷，刚押回来。"

张作霖假装愤怒说："混账东西！我早就跟你说过，咱们在这里是保境安民，不能随便拦行人，我们也是万不得已才走绿林这条黑道的。今后如有为国效力的机会，我们还得求增大人照应！你们今天却做这样的蠢事，将来怎么向增大人交代？你们今天晚上好好招待他们，明天一早送他们回奉天。"

在屋里的增祺姨太太听得清清楚楚，当即传话要与张作霖面谈。张作霖立即先派人给增祺姨太太送来最好的鸦片，然后入内跪地参拜姨太太。

姨太太很感激地对张作霖说："刚才听罢你的一番话，将来必有作为，今天只要你保证我平安到达奉天，我一定向将军保荐你这一部分力量为奉天地方效劳。"

张作霖听后大喜，更是长跪不起。

次日，张作霖侍候姨太太吃早点，然后亲自带领弟兄们护送姨太太归奉天。

姨太太回奉天后，即把途中遇险和张作霖愿为朝廷效劳的事向增祺将军讲了一遍。增祺听后十分高兴，立即奏请朝廷，把张作霖的部队收编为"巡防营"，张作霖从此告别了"胡匪""马贼"生活，成了真正的清廷"管带"（营长）。

就这样，张作霖利用"韬晦"之计办成了由黑道转为白道的一件大事，为其以后的道路打下了基石。

在生活中、事业上，我们可以利用多种假象隐藏真实意图，并用各种方式激起别人的热情，为我们的成功打下基础，这也是韬晦之计的最佳效果。

雷特是格里莱办的《纽约论坛报》的总编辑，身边正缺少一位精明能干的助理。他的目标瞄准了年轻的约翰·海，他需要约翰帮助自己成名，帮助雷特成为成功的出版家。而当时约翰刚刚卸任外交官，正准备回家乡从事律师工作。

怎样让约翰在报社里就职呢？雷特请他到联盟俱乐部吃饭。饭后，他提议约翰到报社去玩玩。那时恰巧国外新闻编辑不在，这使他从许多电讯中间找到一条重要消息对约翰说："请坐下来，为明天的报纸写一段关于这条消息的社论吧。"

约翰自然无法拒绝，于是提笔写了起来。社论写得很棒，格里莱看后也很赞赏，于是雷特提议趁约翰还不回家，就在这儿帮几天忙。渐渐地，约翰感到做新闻记者很有乐趣，也很顺手，就留了下来。

从雷特巧求助理的事情中，我们可以看出：雷特正是以绕开对方不应允的事情，而拟定一个虚假的目的做幌子，让对方接受，从而达到真实目的，得到了他所物色好的人选。

郑庄公准备伐许。战争前，他先在国都组织比赛，挑选先行官。众将一听露脸立功的机会来了，都跃跃欲试，准备一显身手。

第一项是击剑格斗。众将都使出浑身解数，只见短剑飞舞，盾牌晃动。经过轮番比试，选出了6个人来参加下一轮比赛。

第二项是射箭，取胜的6名将领各射3箭，以射中靶心者为胜。有的射中靶边，有的射中靶心。第5位上来射箭的是公孙子都。他武艺高强，年轻气盛，向来不把别人放在眼里。只见他拉弓上箭，3箭连中靶心。他昂着头，瞟了最后那位射手一眼，退下去了。

最后那位射手是个老人，胡子有点花白，他叫颖考叔，曾劝庄公与母亲和解，庄公很看重他。颖考叔上前，不慌不忙，"嗖嗖嗖"三箭射去，也连中靶心，与公孙子都打了个平手。

只剩下两个人了，庄公派人拉出一辆战车来，说："你们二人站在百步开外，同时来抢这部战车。谁抢到手，谁就是先行官。"公孙子都轻蔑地看了一眼对手，哪知跑了一半时，公孙子都却脚下一滑，跌了个跟头。等爬起来时，颖考叔已抢车在手。公孙子都不服气，提着长戟就来夺车。颖考叔一看，拉起车飞步跑去，庄公忙派人阻止，宣布颖考叔为先行官。公孙子都怀恨在心。

颖考叔果然不负庄公之望，在进攻许国都城时，手举大旗率先从云梯冲上许都城头。眼见颖考叔大功告成，公孙子都十分嫉妒，竟抽出箭来，拉弓瞄准城头上的颖考叔射去，一下子把颖考叔射了个"透心凉"，从城头上栽下来。另一位大将瑕叔盈以为颖考叔被许兵射中阵亡了，忙拿起战旗，又指挥士卒冲城，终于拿下了许都城。

所谓"花要半开，酒要半醉"，指的是凡是鲜花盛开娇艳的时候，不是立即被人采摘而去，就是衰败的开始。人生也是这样：不要把自己看得太了不起，不要把自己看得太重要，不要把自己看成是救国济民的圣人君子似的，还是收敛起你的锋芒，夹起你的"尾巴"，掩饰起你的才华吧。

当今社会，你不露锋芒，可能永远得不到重任；你太露锋芒却又易招人陷害。虽容易取得暂时成功，却为自己掘好了坟墓。当你施展自己的才华时，也就埋下了危机的种子，所以才华显露要适可而止。然而，不是人人都可以藏得恰到好处，如果没有掌握得恰到好处，反而会弄巧成拙。

披坚执锐，执着追求

执着的追求者并非全是勇敢者，但勇敢者必是执着的追求者。勇敢，是强者之精魂。披坚执锐，横刀立马的沙场，属于勇者；科学的桂冠当属于敢于冒风险、勇于竞争的攀登者；爱的甜蜜，同样只属于勇敢追求的人。

执着追求是一种精神，更是一种意志的考验。古今中外但凡有成就者，无一例外都曾无悔地追求过。

唐代大诗人杜甫受诸葛亮的影响而想成为一位帝王的士人，并为此而不倦地追求，虽然最后仍不得志，但他从来没有放弃过，依旧执着地追求他自己的理想，终于成为一代诗圣。

杜甫随父亲来到长安。当时的他充满希望，他在科举考试不中后登泰山，写下过"会当凌绝顶，一览众山小"这样充满自信的诗句，对自己青年时代的追求和理想充满了信心。

杜甫向唐玄宗献赋，还求一些官宦引荐，但没有得到什么结果。为此，他在著名的《奉赠韦左丞丈二十二韵》诗中回忆了这一段痛苦的经历。不过也正因为有这样的磨难，不曾放弃治国平天下理想的杜甫开始观察社会，并且深入民间，从而写出了许多千古不朽的诗篇。随着唐王朝的衰弱，"时危思报主"的杜甫想到了自己的责任，发出了呼声。他写下了《兵车行》《丽人行》，抨击了给人民带来巨大痛苦的边疆战争，揭露了统治者的腐朽奢侈。他又写了《前出塞九首》谈哥舒翰开拓边疆的情况，写了《后出塞五首》指出安禄山对中央的威胁。由于杜甫的地位低微，生活贫困，他的理想与正义的声音统治者根本听不到。杜甫感到"德尊一代常坎坷，名垂万古知何用。"

公元755年，杜甫得到了右卫率府兵曹参军的官职。他没有马上赴任，而是先去奉先探望妻子儿女。这时的唐玄宗、杨贵妃正在骊山华清宫"避寒"，杜甫途经骊山山下，仿佛听到了宫中的丝竹乐响。然而，自己的家呢？"老妻寄异县，十口隔风雪。谁能久不顾，庶往共饥渴。入门闻号咷，幼子饥已卒。吾宁舍一哀，里巷亦呜咽。所愧为人父，无食致夭折。"如此的天差之别，就不难理解他能写出："朱门酒肉臭，路有冻死骨。"

当时的时代，正号称盛世，可是一个小官吏无法养活自己的儿子，这样的"盛世"还能再维持下去吗？就在杜甫写出这十个字后不久，安史之乱爆发了。公元756年，杜甫从奉先回到长安，哥舒翰率领的唐军在潼关与叛军交战失败，他"日夜更望官军至"，偏偏将近一年无消息，只好在公元757年"脱身得西行"。经房琯推荐，他做了左拾遗。官虽不大，但杜甫认为这是实现自己理想和追求的最好时机，杜甫自认为这一段时间是自己人生的巅峰。可惜好景不长，房琯因被唐肃宗看成是太上皇唐玄宗派来牵制自己的人，被解职，杜甫上书申救，也被罢斥，改官华州掾。公元759年春天，杜甫从洛阳返回长安时，唐军在邺城被史思明打败，大唐政权又面临危机，杜甫将沿途所见所闻写进诗中，这就是著名的"三吏"（《新安吏》《石壕吏》《潼关吏》）和"三别"（《新婚别》《垂老别》《无家别》）。这是诗歌艺术与现实思考结合的产物，当时人民所遭受的苦难，诗人忧国忧民的社会责任感，在这些诗作中凝聚成了生动的画面。

在这大唐帝国由盛转衰的时代，产生了中国历史上最伟大的诗人。在此以前，没有一个诗人能达到这样的高度。在此之后，也不会有诗人能够逾越这个由杜甫划出来的界限。杜甫没有成为扭转乾坤的政治家，没有当上诸葛亮那样的帝王师，但他执着的追求和崇高的理想仍然在很大程度上得到了实现，因为他成为了中国历史上最具中国文化传统精神的大诗人，他的名字与他的作品在中国历史上占据着超过大部分封建帝王的位置。诗人在这非常历史时期代表整个民族所作出来的诗，将永远伴随历史的长河，发出震撼人心的声音。他的理想是远大的，即使到了，"床头屋漏无干处"时，仍然想着"安得广厦千万间，大庇天下寒士俱欢颜"。他的抱负更是崇高的，如在《洗兵马》诗中所说："安得壮士挽天河，净洗甲兵长不用。"杜甫执着的追求，赢得了他作为诗人的最高荣誉。在所有的人生智慧中，执着追求，永远是指导人生的原则。

生活是很有趣的，如果你想要最好的，只要你能执着地追求，那么你就经常会得到最好的。我们再来看一个生活方面的小故事：

有一个人经常出差，经常买不到对号入座的火车票。可是无论长途短途，无论车上多挤，他总能找到座位。

他的办法其实很简单，就是耐心地一节车厢一节车厢找过去。这个办法听上去似乎并不高明，但却很管用。每次，他都做好了从第一节车厢走到最后一节车厢的准备，可是每次他都用不着走到最后就会发现空座位。他说，这是因为像他这样锲而不舍地找座位的乘客实在不多。经常是在他落座的车厢里尚有若干空座位，而在其他车厢的过道和车厢连接处，居然人满为患。他说，大多数乘客轻易就被一两节车厢拥挤的表面现象迷惑了，不大细想在数十次停靠之中，从火车十几个车门上上下下的人员流动中蕴藏着不少有空座位的机遇；即使想到了，他们也没有那一分寻找的耐心。眼前一块小小立足之地很容易让大多数人满足，为了一两个座位背负着行囊挤来挤去，有些人也觉得不值。他们还担心万一找不到座位，回头连个能站着的地方也没有了。在生活中一些安于现状、不思进取、害怕失败的人，永远只能滞留在没有成功的起点上一样，而那些不愿主动找座位的乘客大多只能在上车时最初的落脚之处一直站到下车。

自信、执着、勤于实践，会让你握有一张在人生之旅中永远的坐票，也会让你在奋斗的路上畅通无阻。其实在生活中，很多地方是需要勇气执着追求的。美好的爱情，没有执着地追求，不会开花结果；开创的事业，没有执着地追求，不会出现辉煌；造福人类的科技，没有执着地追求，不会硕果累累。

生活中需要我们执着追求。

保有热忱是不懈追求的基础

热忱是不懈追求的基础。

我们先来看一则座右铭：

你有信仰就年轻，疑惑就年老；

你有自信就年轻，畏惧就年老；

你有希望就年轻，绝望就年老；

岁月使你皮肤起皱，但是失去了热忱，就会损伤你的灵魂。

爱默生说："有史以来，没有任何一件伟大的事业不是因为热忱而成功的。"这是迈向成功的路标。一个热忱的人，无论是在耕作，还是经营大公司，都会认为自己的工作是一项神圣的天职，并怀着浓厚的兴趣。对自己的工作热忱的人，不论工作中有多少困难，或需要多少努力，始终会用不急不躁的态度去面对。只要抱着这种态度，任何人都能成功，都会达成自己的目标。

热忱是行动的主要推动力。伟大的领袖就是知道怎样鼓舞他的追随者发挥热忱的人。我们来看看关于拿破仑的一段故事：

拿破仑离开巴黎就职后得到的是三万八千名士气沮丧、饥饿、贫困且缺少武器弹药的流浪汉，这些流浪汉被人戏称为乞丐部队。其实这根本就是政客们玩的把戏，为了把拿破仑从巴黎调开而安排的职务。

1796 年 4 月 10 日，真正考验拿破仑的时刻来临了。

拿破仑于展开攻击前，对士兵发表了演说，鼓动士兵进攻，并许诺攻击成功后任由士兵拿取战利品。所有的金银财宝都是部队的军饷。这振奋了全体士兵的士气。据说，日后晋升为元帅的兰奴等年轻军官听了这段话后都想"除了追随拿破仑外，没有其他途径可以达成梦想的荣耀了"。

拿破仑靠许诺让部队搜刮占领区物资的办法，把军队缺乏粮饷的问题解决了。并且派遣军队就地搜集粮草、衣物等物资，解决了当前缺少粮食的迫切问题，为军队注入活力，凭其卓越的领导才能使他们变成一支百战百胜的部队。

拿破仑兑现了诺言，法军士兵在占领区内可以任意妄为，每个士兵都填饱了肚子，基本上配齐了火枪。从而使拿破仑在士兵中建立了威信，如此拿破仑才能更好地指挥这支贪婪的部队。

拿破仑的鼓动演说，使他的"乞丐部队"所向披靡。他所依靠的就是最大限度地发挥他部下的热忱。热忱可以使人释放出巨大能量。

热忱也是推销才能中重要的因素。对一个销售人员来说，热忱就如同水对鱼那般是不可缺少的。所有成功的销售经理都应该了解热忱的心理，并以各种方式来利用这种心理，以协助其手下的销售人员达成更多的交易。几乎所有的销售机构皆定期举行检讨会，目的在于鼓舞所有销售人员的士气，并经由群众心理学的原则，把工作的热忱灌注到这些销售人员的心中。这种销售检讨会也可以称之为"复活"会议。因为它们的目的就是恢复销售人员的兴趣，引起他们的热忱，使这些人员带着新的野心与活力，重新踏上战场，参加新的销售大战。

以下是休斯·查姆斯的百万美元擦鞋的故事：

休斯·查姆斯在担任"国家收银机公司"销售经理期间，曾面临过一种最为尴尬的情况，这种情况很可能使他及手下的数千名销售员一起被"炒鱿鱼"。该公司的财政出现了困难。这件事被在外头负责推销的销售人员知道了，并因此失去了工作热情。销售量开始下跌。到后来，情况越来越严重，销售部门不得不召集全体销售员开一次大会，在全美各地的销售员都被召去参加这次会议。

查姆斯主持了这次会议。首先，他请手下最优秀的几位销售员站起来，要他们说明销售量为何会下跌。这些销售员在被唤到名字后，一一站起来，每个人都有一段最令人震惊的悲惨故事要向大家倾诉：商业不景气、缺少资金、人们都希望等到总统大选揭晓之后再买东西等。当第五个销售员开始列举使他无法达到平常销售配额的种种困难情况时，查姆斯先生突然跳到一张桌子上，高举双手，要求大家肃静，然后他说道："停止，我命令大会暂停10分钟，让我把我的皮鞋擦亮。"然后，他命令坐在近旁的一名黑人小工友把他的擦鞋工具箱拿来，并要这名工友替他把鞋擦亮，而他就站在桌上不动。

在场的销售员都惊呆了。他们有些人以为查姆斯先生突然发疯了。他们开始窃窃私语。在这同时，那位黑人小工友先擦亮他的一只鞋子，然后又擦另一只鞋子，他不慌不忙地擦着，表现出一流的擦鞋技巧。皮鞋擦完之后，查姆斯先生给了那位小工友一毛钱，然后开始发表他的演说："我希望你们每个人好好看看这个黑人小工友。他拥有在我们的整个工厂及办公室内擦皮鞋的特权。他的前任是位白人小男孩，年纪比他大得多，尽管公司每周补贴他5元，而且工厂里有数千名员工，但他仍然无法从这个公司赚取足以维护他生活的费用。这位黑人小男孩不仅可以赚到相当不错的收入，既不需要公司补贴薪水，每周还可以存下一点钱来，而他和他前任的工作环境完全相同，都在同一家工厂内，工作的对象也完全相同。我现在问你们一个问题，那个白人小男孩拉不到更多的生意，是谁的错？是他的错，还是顾客的错？"那些推销员不约而同地大声回答说："当然是那个小男孩的错。""正是如此，"查姆斯回答说，"现在我要告诉你们，你们现在推销收银机和一年前的情况完全相同：同样的地区，同样的对象，同样的商业条件。但是，你们的销售业绩却比不上一年前。这是谁的错？是你们的错，还是顾客的？"同样又传来如雷鸣般的回答声："当然是我们的错。""我很高兴，你们能坦率地承认你们的错，"查姆斯继续说，"我现在要告诉你们，你们的错误在于，你们听到了有关本公司财务出现了困难的谣言，这影响了你们的工作热忱，因此，你们就不像以前那般努力了。只要你们回到自己的销售地区，并保证在以后30天内，每人卖出5台收银机，那么，本公司就不会再出现什么财务危机了，以后再卖出的，都是净赚的。你们愿意这样做吗？"大家都说"愿意"，后来这些推销员果然办到了。

热忱是永不失败的，懂得如何使自己的销售人员充满工作热忱的老板，必然会有所收获。把热忱和你的工作结合在一起，你的工作也不会显得单调，更不会使你觉得辛苦。热忱会使你的整个身心充满活力，在工作的时候事半功倍。

"热忱"并不是一个空洞的名词，它是一种重要的力量，你可以加以利用，使自己获得好处。没有了它，你就像一个已经没有电的电池。热忱是股伟大的力量，你可以利用它来补充你身体的精力，并展现出一种坚强的个性。

点燃热忱的过程十分简单。首先，从事你最喜欢的工作，或提供你最喜欢的服务。如果你因情况特殊，目前无法从事你最喜欢的工作，那么，你也可以选择另一个十分有效的方法，那就是把你将来希望从事的工作当作是你的明确的目标。缺乏资金以及其他许多种你无法当即克服的环境因素，可能迫使你从事不喜欢的工作，但没有人能够阻止你在自己的脑海中决定你一生中明确的目标，也没有任何人能够阻止你将这个目标变成事实，更没有任何人能够阻止你把热忱注入你的计划之中。

　　一位公司的中层领导下班回到家里，发现他的儿子正又哭又叫地猛踢客厅的墙壁。原来儿子第二天就要开始上幼儿园了，他不愿意去，就这样子以示抗议。按照他平时的作风，他会把孩子赶回自己的卧室去，让孩子一个人在里面，然后训斥孩子一通，并且告诉孩子他最好还是听话去上幼儿园。由于已了解了这种做法并不能使孩子高高兴兴地去幼儿园，他决定换一种方式来解决这个问题。他坐下来想，如果我是儿子的话，我怎么样才会乐意去上幼儿园？他和太太列出所有儿子在幼儿园里可能会做的趣事，例如画画、唱歌、交新朋友等。然后他们就开始行动，他对这次行动做了描绘："我们都在饭厅桌子上画起画来，太太和我自己都觉得很有趣。没有多久，儿子就来偷看我们究竟在做什么事，接着表示他也要画。'不行，你得先上幼儿园去学怎样画。'我以我所能鼓起的全部热忱，以他能够听懂的话，说出他在幼儿园中可能会得到的乐趣。第二天早晨，我一起床就下楼，却发现儿子坐在客厅的椅子上睡着了。'你怎么睡在这里呢？'我问。'我等着去上幼儿园，我不要迟到。'我们全家用热忱已经激发了儿子内心对上幼儿园的渴望，而这一点是讨论、威胁、责骂都不可能做到的。"

　　一个人的成功因素有很多，而居于首位的就是热忱。没有足够的热忱，不论你有什么样的能力，都得不到充分发挥。热忱是出自内心的兴奋，然后影响整个人的精神状态。热忱就是一种炙热的、精神的特质，深存在一个人的内心。

每一个成功人士，都有一种疯狂工作的热情，这种热情就是他内心热忱的巨大迸发。这种热情也是获得成功和成就的源泉。一个人的意志力和追求成功的热情愈强，成功的机会也就会愈大。热情很多时候也是一种状态，一种潜在的意识，而往往潜在的意识要比有意识的力量大得多。如果能发挥出大脑中的潜在意识，即使是一个普通人也能创造奇迹。卡通大王华特·迪士尼也以那股疯狂的工作热情，凭借一只米老鼠成为了著名的人物。

《米老鼠》及《三只小猪》的创始人沃特·迪士尼，在1918年以前仍然是个"无名小卒"。现在却是全美最有名的人物之一。在最新版的《英国名人录》中，华特·迪士尼的名字与世界一流的人物并列出现，并且占用了比一些著名的政治家更大的版面与篇幅。

成名前，华特·迪士尼的生活很贫困。而今，他是广被世人所喜爱的动画大王，是举世闻名的资本家、事业家。迪士尼曾说："与其储蓄几百万美元，倒不如做些好电影来得有趣。"迪士尼原本是住在密苏里州的堪萨斯城，并且希望成为一名画家。一天，他到堪萨斯城明星报社找工作，让总编辑看他的自画像。总编辑一看他的作品就说不行，说他毫无画画的天赋，迪士尼只好垂头丧气地回家了。

后来，迪士尼好不容易才找到一份工作，在教会中绘图，薪资很低。因为一直借不到办公室，他便使用父亲汽车厂的工作室。当然，那时的辛勤是可想而知的，也正是在这间充满汽油及润滑油气味的工厂车间，才引发了他日后价值百万美元的构想。

事情的经过是这样的：

一只小白鼠在汽车厂的地上窜来窜去。迪士尼停下正在作画的手，抓起面包屑喂小白鼠。日复一日，小白鼠变得很亲近人，甚至会爬到画板上去。不久，他前往好莱坞开始制作《幸运兔奥斯华》的卡通影片，但却失败了。迪士尼再一次失去了他的工作。

某日，当迪士尼在公寓里正思索有什么好点子时，忽然想起了在堪萨斯城的汽车厂中，画板上爬来爬去的小白鼠。因此，迪士尼立刻着手描绘小白鼠。这就是米老鼠诞生的经过。堪萨斯城工厂车间的那只小白鼠就是全世界最有名的电影巨星"米老鼠"的原型。今天，电影界收到影迷信件最多的明星就是米老鼠。此后，华特·迪士尼每周必前往动物园研究动物的动作及叫声。在米老鼠影片中，米奇角色的声音，及许多动物的叫声，多是由他自己担任配音的。卡通影片的制作必须有许多原画，并由人一张一张地画出来，台词如果不写，画面的完成也得靠画面展示出来。这些工作全部要靠大批的助手帮忙完成。迪士尼本人则全心投入电影的构思之中，只要有一点构想，就与剧本部的助手们共同商议。有一天，他提出了一个构想，欲将儿童时期母亲所念过的童话故事改编成彩色电影，这就是后来的《三只小猪》的故事。助手们都摇头不赞成，后来只好取消。但是迪士尼却一直无法忘怀，屡次提出这个构想，都被否决掉。

终于，因为他有着一种无与伦比的工作热情，并且不断地提出想法，该片最终通过并制作，一经上映就受到全国人民的热烈喜爱。这实在是空前的大成功。从佐治亚州的棉花田到俄勒冈州的苹果园，它的主题曲立刻风靡全国——"大野狼呀，谁怕他，谁怕他？"据迪士尼自己说，该片在电影院总共上映了七次之多。

在卡通影片的历史上，这是史无前例的创举。而今，世界各地的人大概都看过米老鼠！

所有成功的秘诀都在于热忱地工作——这是华特·迪士尼的信念。他认为：只是赚钱并无乐趣，工作才是他生活的乐趣。比起享乐，工作会令他发现更多的乐趣。

一个人是否真的充满热忱，可以从他的眼神里，从他勤快的步伐里看出来，还可以从他全身的活力中看出来。热忱可以改变一个人对他人、对工作的态度。热忱可以使一个人更加热爱生活。热忱是假装不来的，两个奋斗的人，最终一个成功，而另一个失败。最大的原因是一个人拥有真正的热忱，而另外一个人则是假装的。不但如此，热忱还可以使一个人从浑浑噩噩到奋发做事。旅馆大王希尔顿就是因为善用热忱而成为几乎与英国女王齐名的人物。

康拉德·希尔顿在德克萨斯州的锡斯科首次经营一家名叫莫布利的旅馆时只有 31 岁。1887 年出生于新墨西哥州的圣安东尼的他，曾经做过各式各样的工作。比如当过工人、办事员，做过生意，从事过矿山投资与种植业等，也曾经参与政治和银行有关系的工作。最后希尔顿因父亲事业失败回到他的故乡。最初希望，在石油兴盛的德州大干一场。于是他变卖家产筹得 5000 美元，他将这笔钱很谨慎小心地带在身上，只身前往德州。最初他想做的是"银行业"，其实就是金币买卖。因为在当时，5000 美元足可以买下一家银行，但他却买下一座叫莫布利的小旅馆，从此踏出经营旅馆业的第一步。

希尔顿成功的秘诀是：首先，他热衷于旅馆业；其次，他对经营旅馆业就像经营"企业"那样有相当明确的观念。当然，尽量吸收顾客住宿以赚取利润也是他全力以赴的目标，而且把旅馆业当作一种不动产业。对于倒闭的旅馆，他会以极低廉的价钱买下来，把建筑物进行豪华的装修，然后经营，一有机会他再以买价的数倍价钱卖出去，以扩大储蓄、壮大资金。他经常在关键的时刻背负债务，因而才能逐渐地买下他的财力所无法负担的旅馆，从银行或个人资本家那里借出大量资金，并且把股东都拉进来。希尔顿着实使许多"金主"大感困扰。然而，对于赚钱这一点来说，他确实是个"天才"。

年轻时候的希尔顿就对"恐慌"毫不在乎，并且他又具有幽默的气质。但当涉及利益时，希尔顿却会摇身一变像个魔鬼一般，平常的可爱或幽默都收敛起来，绝不像花花公子或迷于嗜好的人，他会冷静地思考，开始热忱地工作。

在 1969 年，希尔顿连锁旅馆在美国国内有 33 家，海外有 42 家，共计 75 家。这个时候希尔顿旅馆的资产将近 4 亿美元，旅馆房间总数约 45000 间，每夜有 4 万人住宿，员工也将近 4 万人，是世界最大的连锁旅馆。

到底为什么希尔顿能拓展国内外的旅馆生意呢？希尔顿认为，人必须坚持梦想不可，为了实现这个"梦想"，他可以不顾一切地拼命努力。

我们来欣赏一段阿尔伯特·哈伯德写的关于热忱的良言：

我欣赏满腔热情工作的人。热忱可以借由分享来复制，而不影响原有的程度，它是一项分给别人之后反而会增加的资产。你付出的越多，得到的也会越多。生命中最巨大的奖励并不是来自财富的积累，而是由热忱带来精神上的满足。

热忱是工作的灵魂，甚至就是生活本身。年轻人如果不能从每天的工作中找到乐趣，仅仅是因为要生存才不得不从事工作，仅仅是为了生存才不得不完成职责，这样的人注定是要失败的。

热忱是战胜所有困难的强大力量，它使你保持清醒，使全身所有的神经都处于兴奋状态，去进行你内心渴望的事，它不能容忍任何有碍于实现既定目标的干扰。

热忱是所有伟大成就的取得过程中最具有活力的因素。它融入了每一项发明、每一幅书画、每一尊雕塑、每一首伟大的诗、每一部让世人惊叹的小说或文章当中。

成功与其说是取决于人的才能，不如说取决于人的热忱。

就像美一样，源源不断的热忱，使你永葆青春，让你的心中永远充满阳光。记得有两位伟人如此警告说："请用你的所有，换取对这个世界的理解。"我要这样说："请用你的所有，换取满腔的热情。"

有热忱，你就会变得很强大。

第 四 章

锲而不舍，坚定执着

积累，从点滴做起

学习狼的准则就要学习这样锲而不舍的精神。

工作中我们运用"狼性准则"，可以让我们做得更好。工作中光全心全意、尽职尽责是不够的，还应该比自己分内的工作多做一点，比别人期待的更多一点，如此方可以吸引更多的注意，给自我的提升创造更多的机会。而这些应该成为我们的习惯。

率先主动是一种极珍贵的素养，它能使人变得更加敏捷，更加积极。无论你是管理者，还是普通职员，"每天多做一点"的工作态度能使你从竞争中脱颖而出。这样你就会有更多的机会。你的行为也会使你赢得良好的声誉，并增加他人对你的需要。与四周那些尚未养成这种习惯的人相比，你已经具有了优势。有了这种习惯就使你无论从事什么行业，都会有更多的人请求获得你的帮助。

身处困境而拼搏能够产生巨大的力量，这是人生永恒不变的法则，而拥有"狼的精神"会是你永远的财富。如果你能比分内的工作多做一点，那么，不仅能彰显自己勤奋的美德，而且能培养一种超凡的技巧与能力，使自己具有更强大的生存能力，从而摆脱困境。

提前上班，别以为没人注意到，老板可是睁大眼睛瞧着呢！如果能提早一点到公司，就说明你十分重视这份工作。每天提前一刻钟到达，可以对一天的工作做个规划，当别人还在考虑当天该做什么时，你已经走在别人前面了！

工作中，不要担心自己的"渺小"。"伟大"的工作者都是从点滴积累的。我们经常可以听到这样的故事：一个饱受折磨的新兵到头来成为一名极棒的战士；一个被告知身材过于矮小的球员却成为一名球星；一个被确诊无学习能力的孩子，不仅能够学习，而且获得了大学奖学金。这些故事不胜枚举。多做事就会获得机会，对于一个优秀的员工而言，公司的一切都可以是不重要的，将问题解决才是他心中唯一的想法。

"每天多做一点"，不应该只是口号，而应该成为我们的精神。我们的初衷也许是为了获得更多的报酬，但往往获得的更多。

有一个故事：

甲对乙说："我要离开这个公司。我恨这个公司！"乙建议道："我举双手赞成你报复！破公司，一定要给它点颜色看看。不过你现在离开，还不是最好的时机。"甲问："为什么？"乙说："如果你现在走，公司的损失并不大，你应该趁着在公司的机会，拼命去为自己拉一些客户，成为公司独当一面的人物，然后带着这些客户突然离开公司，公司才会受到重大损失，陷入被动。"甲觉得乙说得非常在理，于是努力工作，经过半年多的努力后，他有了许多忠诚的客户。两人再见面时，乙问甲："现在时机成熟，要赶快行动哦！"甲淡然笑道："老总跟我长谈过了，准备升我做总经理，我暂时没有离开的打算了。"其实这也是乙的初衷。

工作中，只有付出大于得到，让别人真正看到你的能力大于地位，才会给你更多机会。我们应该认识到工作是从点点滴滴干出来的，而不是想出来和说出来的。

一位成功人士曾经讲述过自己是如何走上致富道路的：

50 年前，我开始踏入社会谋生，在一家五金店找到了一份工作，每年才挣 75 美元。有一天，一位顾客买了一大批货物，有铲子、钳子、马鞍、盘子、水桶、箩筐等。这位顾客过几天就要结婚了，提前购买一些生活和劳动用具是当地的一种习俗。货被堆放在独轮车上，装了满满一车，就算骡子拉也会有些吃力。送货并非我的职责，而完全是出于自愿——我为自己能运送如此沉重的货物而感到自豪。

一开始一切都很顺利，突然，车轮一不小心陷进了一个不深不浅的泥潭里，我使尽吃奶的劲儿都推不动。一位心地善良的商人驾着马车路过，用他的马拉动了我的独轮车和货物，并且帮我将货物送到顾客家里。在向顾客交付货物时，我仔细清点货物的数目，一直到很晚才推着空车艰难地返回商店。我为自己的所作所为感到高兴，但是，老板却并没有因我的额外工作而称赞我。

第二天，那位商人将我叫去，告诉我说，他发现我工作十分努力，热情很高，尤其注意到我卸货时清点物品数目的细心和专注。因此，他愿意为我提供一个年薪 500 美元的职位。我接受了这份工作，并且从此走上了致富之路。

我们再来看一个故事：

每天，当太阳升起来的时候，非洲大草原上的动物们就开始奔跑了。

狮子妈妈在教育自己的孩子："孩子，你必须跑得快一点，再快一点，你要是跑不过最慢的羚羊，你就会活活饿死。"

在另外一个场地上，羚羊妈妈也在教育自己的孩子："孩子，你必须跑得快一点，再快一点，如果你不能比跑得最快的狮子还快，那你就肯定会被它们吃掉。"

也许在这两个故事中你很难找出和"狼性"之间的共通点，但懂得一点就够了：它们都具有自己特别的精神。成功人士的勤勤恳恳、任劳任怨；狮子和羚羊的努力上进。工作中，我们要培养自己的"狼性精神"，从点滴做起，慢慢积累。

一点一滴是要靠自己来完成的。如果你是一名货运管理员，你必须发现货运过程中的每一个错误；如果你是一名邮差，你必须保证信件及时送到。但这些还远远不够，如果你想成功，你还必须发现和你的责任无关，但是你却能看到的每个错误。以防止公司受到不必要的损失。你如果做了，你也就播下了成功的种子。

学习狼的生存法则就必须自觉行事，主动自发，不然你就得挨饿。

老板不在身边却更加卖力工作的人，将会获得更多的奖赏。如果只有在别人注意时才有好的表现，那么你永远无法登上成功的顶峰。很多时候，是你自己来决定你自己的一切。

一位推销员的故事：

有一次，一位推销员在推销汽车失败时，向公司经理抱怨汽车的颜色太少、种类单一、奖金不够优厚等，那位经理不顾推销员的喋喋不休，闷声不吭地在纸上画了一个图，然后抬头问推销员："杰克能赚五千美金，难道他卖的产品和你不同，奖金更优厚吗？而你却只能赚一千美金，两者间的差异在哪里？"那位推销员不得不低下头来。

我们在做事的时候，要想让事情做得更好的话，自己必须变得更好。一般人在遇到困难时，总是抱怨别人，但是，抱怨对于解决问题有多大帮助呢？假如帮助不是很大的话，那么为何不尝试先让自己做好，也许效果会更好。

那些一夜成名的人，其实在功成名就之前，早已默默无闻地努力了很长一段时间。成功是一种努力的累积，不论在何种行业，想攀上顶峰，通常都需要长时间的努力和精心的规划。

一点一滴地做事，同时为自己的所作所为承担责任，那些成就大业之人和凡事得过且过的人之间的最根本的区别在于，前者懂得为自己的行为负责。没有人能促使你成功，也没有人能阻挠你达成自己的目标。做到了，你就是成功的"狼"。

在一次讨论会上，一位著名的演说家没讲一句开场白，手里却高举着一张 20 美元的钞票。面对会议室里的 200 个人，他问："谁要这 20 美元？"这时一只只手举了起来。他接着说："我打算把这 20 美元送给你们中的一位，但在这之前，请准许我做一件事。"他说着将钞票揉成一团，然后问："谁还要？"仍有人举起手来。

他又说："那么，假如我这样做又会怎么样呢？"说着他把钞票扔到地上，又踏上一只脚，并且用脚碾它。然后他拾起钞票，钞票已变得又脏又皱。

"现在谁还要？"还是有人举起手来。

"朋友们，你们已经上了一堂很有意义的课。无论我如何对待那张钞票，你们还是想要它，因为它并没贬值，它依旧值 20 美元。人生路上，我们会无数次被自己的决定或碰到的逆境击倒，被碾得粉身碎骨。我们觉得自己似乎一文不值。但无论发生什么，或将要发生什么，在上帝的眼中，你们永远不会丧失价值。在他看来，肮脏或洁净，衣着齐整或不齐整，你们依然是无价之宝。"

我要说："生命的价值不依赖我们的所作所为，也不仰仗我们结交的人物，而是取决于我们本身！"

积极主动，尽力而为

狼的准则就是主动的准则。

我们先来看看主动的定义：

弗兰克尔发现的人性准则，正是追求圆满人生的首要准则——主动。它的含义不仅在于采取主动，还表示人必须为自己负责。个人行为取决于自身，而非外在环境；理智可以战胜感情；人有能力也有责任创造有利的外部环境。

责任感是一个很重要的观念，积极主动的人深谙其理，因此不会把自己的行为归咎于环境或他人。他们待人接物是根据自身原则或价值观去做有意识的抉择的，而非全凭对外界环境的感觉来行事。

积极主动是人类的天性。积极主动的人，心中自有一片天地。自身的原则、价值观是关键。消极被动的人，很容易被环境所改变。但这些都取决于自己的思想。

有一个真实的例子说明，运用了狼的准则，"笨孩子"也能走向成功。

从小到大，比特做什么事都比别的孩子慢半拍，同学讥笑他笨，老师说他不努力，无论他怎么试图去改变自己，却总是做不好。直到比特上了九年级后，才被医生诊断出患有运动障碍疾病。高中毕业时，比特申请了十所一般的学校，心想怎么也会有一所学校录取他。可直到最后，他连一份通知书也没有收到。

后来，比特看了一份广告，上面写着："只要交来250美元，保证可以被一所大学录取。"结果他付了250美元，有一所大学真的给他寄来了录取通知书。看到这所大学的名字，比特即刻想起了几年前，一份报纸上写着有关这个大学的文章："这是一所没有不及格的学校，只要学生的爸爸有钱，没有不被录取的。"当时比特只有一个信念："我要用未来去证实这个错误的说法。"在这个大学上了一年后，比特就转到另一所大学，大学毕业后，他进入房地产行业。22岁时，他开了一家属于自己的房地产公司。从此，在美国的四个州，他建造了近10000座公寓，拥有900家连锁店，资产高达数亿美元。后来，比特又进入到银行业，做起了大总裁。

一位"笨"孩子，他是怎么走向成功的呢？下面三点就是比特自己讲述的原因：

第一，每个人都有自己最强的一项，有人会写，有人会算，对有些人很难的事情，对另一些人来说简直就是"小菜一碟"。我想强调的是：一定要做最适合自己的事情，不要迎合别人的想法而去做一件不适合自己，但是又要付出一生代价的"难事"。

第二，我非常幸运自己有对我容忍又有耐心的父母，如果有一个考题，别人只需花15分钟，而我必须用2个小时才能完成的时候，我的父母从来不会因此而打击我。对于我的父母来说，只要自己的儿子尽力而为了，他们就满足了。

第三，我从不跟自己的同班同学竞争，如果我的同学又高又大，跑得很快，而我又小又矮，为什么一定要跟他们比呢？知道自己在哪里可以停止，这非常重要。我也曾经问过自己千百次，为什么别人可以轻松地学习？为什么我永远回答不了问题？为什么我总不及格？当知道自己的病症以后，我得到了专业人士的关爱和解释。理解自己，非常重要。

从上面的这个故事我们可以看到，其实主动也是多方面的。我们面对生活中出现的死角时，应该换个角度去想、去做，世上没有永远的难事。用句现在流行的话来说，就是"只有想不到的，没有做不到的"。

另一个故事：

在远古的时候，有两个人，相伴一起去遥远的地方寻找人生的幸福和快乐，一路上风餐露宿，在即将到达目的地的时候，遇到了一片波涛汹涌的大海，而海的彼岸就是幸福和快乐的天堂。关于如何渡过这片海，两个人有了不同的意见：一个建议采伐附近的树木造成一条木船渡过去；另一个则认为无论哪种办法都不可能渡过这片海，与其自寻烦恼，不如等这片海流干了，再轻轻松松地走过去。

于是，建议造船的人每天砍伐树木，辛苦而积极地制造船只，并学会了游泳；而另一个人则每天躺着休息睡觉，然后到河边观察海水流干了没有。直到有一天，已经造好船的朋友准备扬帆出海的时候，另一个朋友还在讥笑他的愚蠢。

不过，造船的朋友并不生气，临走前只对他的朋友说了一句话："去做每一件事不见得一定都能成功，但每一件事都不做则一定没有机会得到成功！"

能想到躺到海水流干了再过海，这确实是一个"伟大"的创意，可惜的是，这仅仅是个注定失败的"伟大"创意而已。

这片大海终究没有干枯掉，而那位造船的朋友经过一番风浪最终到达了彼岸。这两人后来在这片海的两个岸边定居了下来，也都繁衍了许多子孙后代。海的一边叫幸福和快乐的沃土，生活着一群我们称为勤奋和勇敢的人；海的另一边叫失败和失落的原地，生活着一群我们称之为懒惰和懦弱的人。

我们可以从故事中明白一个道理：不积极主动的人，只能躺在原地永远地"休息"下去，绝不会有成功的那一天。

我们还可以从中发掘出以下道理：

（一）躺着思想，不如站起行动；

（二）无论你走了多久，有多累，都千万不要在"成功"的家门口躺下休息；

（三）梦想不是幻想。

是啊，没有自愿走向狼的羊，天上不可能会掉"馅饼"。成功靠的就是积极主动，我们不可能对外界的干扰无动于衷。我们应该努力去适应社会，有一位教授曾经说过："适应环境本身就是奋斗的组成部分。"但不管外部的环境怎样，我们应该将命运掌握在自己的手中。

知足知止，心态平和

忍耐是一种心灵的状态，更是一种命运。狼族因为有忍耐、战斗的心态，所以永远保持着旺盛的精力。这种忍耐还可以表现为做人的知足知止。在如何对待物质享受和名誉地位的问题上，老子提出知足知止的原则。《道德经》中是这样写的："故知足不辱，知止不殆，可以长久。""祸莫大于不知足，咎莫大于欲得。故知足之足，常足矣。""知足者富，强行者有志。不失其所者久，死而不亡者寿。"何以知足才不会受到耻辱，知止才不会有危险？在老子看来，有下面几个理由：逞强好争，不但得不到什么，反而会招来祸害。"强梁者不得其死。""自见者不明，自是者不彰。自伐者无功，自矜者不长。"社会上为什么会有斗争的灾祸，是由于人心贪婪不知足；如果都能知足知止，相互忍让不争，一切纷争、冲突都可以避免了。

人生的幸福在于内心的宁静自守，摆脱物欲的束缚而恬淡自安，怡然自得。然而，"五色令人目盲；五音令人耳聋；五味令人口爽，驰骋畋猎令人心发狂；难得之货，令人行妨"。可见人生的幸福不在于声色之娱，而在于知足知止，摒弃物欲的诱惑而保持安定的生活。从变化、超脱的眼光看问题，人生的祸福、得失等，都是暂时的，相对的，可以互相转化的。永不知足地去追求这种变化无常的东西，最终是争而不得，反受其祸。老子的这种思想深刻精辟，饱含人生的经验和智慧。

老子在阐述"明哲保身"的观点时认为，人要知道满足，知道适可而止。在如履薄冰的商战中，只有知道满足才不会后悔，知道适可而止才能少遭遇危险。

世间万物能知足就安乐，贪婪必定招祸。《红楼梦》中第一回"因嫌纱帽小，致使锁枷杠"，就奉劝人们不要因嫌官职小而钻营取巧，结果落得触犯国法，锒铛入狱。老子说："名与身孰亲？身与货孰多？得与亡孰病？甚爱必大费，厚藏必多亡，故知足不辱，知止不殆，可以长久。"意思是说，声名和生命相比哪一样更为亲切？生命和货利相比哪一样更为贵重？获取和丢失相比哪一个更为有害？过于贪爱名利就必定要付出更多的代价；过于敛积财富，必定招致更为惨重的损失。所以说，知道满足，就不会受到屈辱；知道适可而止，就不会遭遇危险。这样才可以保持长久的平安。最大的祸害是不知足，最大的过失是贪得无厌。

知足常乐，知足常足，心安常安。一个人生活在这个大千世界中，如同沧海一粟。天下之大，时间之长，事物之广，货利之多，如果不能知足知止，就永远没有满足的时候。知道到什么地步就该满足的人，永远是快乐的。

只取自己应该得到的利益，不向社会提出额外的、非分的要求。通过诚实劳动取得利益，不以非法手段谋取利益。在追求自己的利益的时候，同时尊重社会的公共利益和他人的利益。上面这些要求，是一个文明、健康的社会应有的社会公德，是每一个社会成员应该遵守的行为规范。从人生意义、人生价值的角度考虑问题，实行知足知止的原则，就是要求人们不单纯以物质欲望为人生的价值取向，而要超越物质欲望，追求精神的价值。

第 五 章

冷静达观，适者生存

懂得克制，成功需要忍耐

学习狼性心态，首先必须理性地克制自己的言行。我们常说，要有所为有所不为，指的就是能够理性的克制自己的言行举止。一个人再怎么伟大，都不可能像动物一样自由。人类受到的是比动物多得多的束缚，要想成功，必须知道该做什么？而又不该做什么？社会生活中，我们应该常能看到很受尊重的人。但是我们应该知道，一个人受不受他人尊重的关键，不是他有多么自由，而是他是不是有足够的克制力。

自然世界中，狼可以为得到食物而不知疲倦的等待，它们具备了足够的克制力。社会中成功的人，同样也懂得如何克制自己，他们在实践中不断地总结经验：成功需要忍耐！

能克制自己的人，是理性的人，也是一个伟大的人。

公元前 494 年，吴王夫差率兵大举进攻越国，在夫椒（今太湖洞庭西山）大败越军。越王勾践走投无路，只得向夫差屈膝求和。勾践及其大臣范蠡等三百人到了吴国，为吴王服役。勾践为吴王养马驾车，整整服侍了三年之久。夫差以为勾践已完全臣服，便放越王君臣回国去了。

勾践回国后，发誓要报仇雪耻，他担心安逸的生活会消磨意志，就用柴草作被褥，并在屋内悬挂一只苦胆，经常去尝尝，提醒自己不要忘记复兴大业。这就是人们所说的"卧薪尝胆"。勾践励精图治，重用范蠡、文仲等贤能之士管理国事，同时训练军队，发展生产。经过十几年奋斗，终于转弱为强。

公元前482年，勾践乘吴王夫差与诸侯会盟之机，率军偷袭吴国，大败吴军，俘吴太子友。夫差只得向越国求和。公元前473年，勾践最后灭掉了吴国，夫差自杀。从此越国成为江淮一带的强国，越王勾践也成为春秋战国之际的一代霸主。

越王勾践的克制成为人生克制的典范，他的成功同样具有典型的说服力。我们有必要记住一些这样的事例，用来激励自己。

我们还有必要记住这副对联：

有志者事竟成，破釜沉舟，百二秦关终属楚；

苦心人天不负，卧薪尝胆，三千越甲可吞吴。

"卧薪尝胆"其实应该成为我们的"座右铭"。在人生的奋斗过程中，时时刻刻都要求我们能够"卧薪尝胆"。

明确方向，事在人为

事在人为也是一个重要的狼性心态。所谓机遇只是成功的有利条件，能否成功还是要取决于你的主观努力。

有一个耳熟能详的故事：

海伦·凯勒女士在一岁多的时候，因为生病，从此眼睛看不见，并且又聋又哑。由于这个原因，海伦的脾气变得非常暴躁，动不动就发脾气摔东西。她家里人看这样下去不是办法，便替她请来一位很有耐心的家庭教师苏丽文小姐。海伦在她的熏陶和教育下，逐渐改变了。她了解每个人都很爱她，所以她不能辜负他们对她的期望。她利用仅有的触觉、味觉和嗅觉来认识四周的环境，努力充实自己，后来更进一步学习写作。几年以后，当她的第一部著作《我的生活》出版时，立即轰动了全美国。海伦·凯勒能够不因残废而自暴自弃，反而更加努力上进，所以最后才有卓绝的成就。

只要你想做，下定决心努力地去实现你定的目标，你就可能做得到。

怎么样才能通过努力取得成功呢？

第一，有一个明确的行动方向，即努力的目标。

第二，透彻地领悟"事在人为"。

确定了行动的目标和要干的事情，就要采取行动，争取成功。《说苑·说丛》中说得好："谋先事则昌，事先谋则亡。"先计划好了再开始行动，就能成功，事业就会兴旺发达；先干了以后再开始计划，就会招致失败。做任何事情都要先有准备，有计划，不能仓促上马，鲁莽从事。计划要建立在对客观情况的深入了解和科学分析之上。打仗要了解敌我双方的情况，办企业要了解市场需要和同行的情况。在掌握客观情况的基础上才能制订出正确的行动方针和工作计划。了解情况不仅要了解有利情况，还要了解不利情况。

《孙子兵法》说："是故智者之虑，必杂于利害，杂于利而务可信也，杂于害而患可解也。"聪明的人考虑问题一定要顾及利和害两个方面。了解有利的条件，才能提高完成任务的信心；了解不利的因素，才能消除祸患，防患于未然。如果办一件事缺乏信心，应该多想到有利的条件，以坚定信心，提高勇气。当信心已经建立、决定行动的时候，就要冷静地分析不利因素，准备应付可能发生的问题和风险。

制订计划要有理有据，抓住重要的环节，多方面、多角度考虑问题。谋划要集思广益，抓住决断权。行动要果断迅速。"为"要为的有道理，能让人信服。具备了上述几个环节的条件，你就可以"事在人为"的干你的事业，从而不必担心会失败了。

下面的故事如果在你的身上能够找到其中一个的原形，那么就说明你还没有做好"事在人为"。你将会面临失败的危险。

一

在春秋战国时期，连年战乱不断，习武尚武之风盛行。楚国的年轻人们都随身带着防身兵器，人们也都会两下功夫。

一天，一位青年要渡江会朋友。他腰间所佩的剑很名贵。青年随人流到了船上，坐了下来，便将剑解了下来抱在怀中。在过江一路上，风景美不胜收。他细细观赏着周围景色，小心地护着自己的宝剑。船到江中，一个小浪打来，船头一偏，身边的乘客一个趔趄，向他撞了过来。青年一失手就把宝剑掉进了江中。那人一见宝剑落入江中，忙着就要跳江去捞，但被青年一把拉住。只见青年不慌不忙地从袖中掏出一把小刀，在掉剑处的船边刻了一个记号。见那人不解何意，他笑了笑说："我自有妙计！"

船到对岸，他忙着下船，顺着刻印下水捞剑，可怎么也找不到，他皱起了眉头。乘客见此情景，恍然大悟，便大笑了起来。人们纷纷议论说："这人真傻！剑掉江中就沉到江底，又不会同船一起走动。哈哈哈……"

二

有一个在江边过路的人，看见一个人正领着一个小孩子要把他投入江里，小孩子正在啼哭，那个人问他这是什么缘故。

他说："小孩的父亲善于游泳。"

小孩子的父亲善于游泳，那他的小孩就会游泳吗？

上面的故事虽然只是一些寓言故事，但在我们的身边，这样的蠢事不处处在发生吗？所以，我们做任何事情都要根据时势的变化，不断修改行动的计划和方案。而不能死守"常规"，一成不变。

在人生道路上，在执行计划的过程中，会遇到突发的事变和严重的困难。这是对一个人的素质的严重考验。有的人镇定从容，处变不惊，可以找到应对的妥善办法，从而克服困难，达到胜利的彼岸。有的人则惊慌失措，悲观失望，无所作为，结果只能是陷入困境而无法自拔。其实在做"事"的时候，怎么"为"是其中的关键。

《左传》记载：孙武去见吴王阖闾，与他谈论带兵打仗之事，说得头头是道。吴王心想："纸上谈兵管什么用，让我来考考他。"便出了个难题，让孙武替他操练姬妃宫女。孙武挑选了一百个宫女，让吴王的两个宠姬担任队长。

孙武将列队训练的要领讲得清清楚楚，但正式喊口令时，这些女人笑作一堆，乱作一团，谁也不听他的。孙武再次讲解了要领，并要两个队长以身作则。但他一喊口令，宫女们还是不在乎，两个当队长的宠姬更是笑弯了腰。孙武严厉地说道："这里是演武场，不是王宫；你们现在是军人，不是宫女；我的口令就是军令，不是玩笑。你们不按口令操练，两个队长带头不听指挥，这就是公然违反军法，理当斩首！"说完，便叫武士将两个宠姬杀了。

场上顿时肃静，宫女们吓得谁也不敢出声，当孙武再喊口令时，她们步调整齐，动作如一，真正成了训练有素的军人。孙武派人请吴王来检阅，吴王正为失去两个宠姬而惋惜，没有心思来看宫女操练，只是派人告诉孙武："先生的带兵之道我已领教，由你指挥的军队一定纪律严明，能打胜仗。"孙武没有说什么废话，而是从立信出发，得到了军纪森严、令出必行的效果。

做人难，做个优秀的人更难。但是只要做事的时候，能够讲究方法策略，能够出奇制胜，你就成功地做到了"事在人为"，当我们遇到孙武这样的问题，制定一些政策出来，在推行的时候却因为触及了一些人的旧有利益而无法施展。这些人或者是比自己职位更高，或者有很多自己得罪不起的"背景"，他们形成的阻碍会让你进退两难。正所谓"慈不掌兵"，管理者就应该坚持正确的原则，虽然推行的结果可能是得罪一些高层人士导致自己的职位不保，但如果你的政策推行不下去，同样会失败。这就是我们通常所说的机会成本，它所运用的就是经济学最常用的一种理论：博弈论。其实只要你真正是客观公正地执行政策，而不是过多纠缠于自己的私利，你还是会成功的。

　　作战之计已定便执行，决定发兵便马上行动；将帅不需怀疑计划，士兵也不需乱想心疑。我们再来看一下东晋发生的历史上以少胜多的著名战役——淝水之战。看谢安是怎么出色地完成他的"为"的。

　　晋太元八年（公元383年），前秦苻坚统兵80余万人，大举南下。强敌压境，东晋处于危急之中。谢安当时任宰相，身系东晋之安危。他紧张地进行军事部署，令谢石指挥全军，谢玄任前锋，统领8万兵马抵抗秦军。谢安内心全神贯注，观察分析战局的变化，表面上则镇定自若，整天下棋、游山玩水。战斗开始后，晋将刘牢之袭击秦将于洛水，然后各路兵马水陆并进。至淝水，待秦军后移，过淝水决战。苻坚等到晋军半渡时袭击，于是命令秦军稍退。这时朱序大呼："秦军败矣！"秦兵惊恐大奔，无法阻止，以致风声鹤唳，草木皆兵，死者蔽野塞川。

　　谢安收到秦兵大败的驿书时，正在和客人下棋，客人问驿书讲了什么，谢安平静地说了句："小儿辈遂已破贼"，然后继续和客人下棋。

　　东晋为什么能够以少胜多战胜强敌？就是因为谢安大事当头，充分做好了"事在人为"。其实他的内心却是无比激动的，下完棋急忙奔回内室，过门槛的时候，把木屐的齿都碰断了。重臣将帅都应该有这种处变不惊的风度，这样才能稳定人心。淝水之战的胜利，东晋的内部团结和部署指挥得当自然是根本原因，但谢安的镇定自若，"有事常如无事时镇定"对于安定人心，提高信心，起到了不可估量的作用。

　　我们普通的人也是这样。遇到意外事变和严重困难时，如果能保持镇定，总可以找出克服困难、进而摆脱困境的方法。这就是要做好"为"的因素。做一件事情，可能会失败，但失败并不是重要的，爱迪生说过："失败也是我所要的。"只要你经得起考验，你定会成功。杜牧有一首写项羽的诗："胜败兵家事不期，包羞忍耻是男儿。江东子弟多才俊，卷土重来未可知。"杜牧在诗中对项羽有同情，又有寓于惋惜之中的批评。如果项羽能忍受眼下失败的耻辱，返回江东，认真总结失败的教训，依靠江东子弟重整旗鼓，说不定会卷土重来，和刘邦再决雌雄。项羽之所以彻底失败，是因为他不懂得"事在人为"，犯下了一个致命的错误。

世界上失败得最可怕的当数诺贝尔了，但是他却成为世界上最为伟大的发明家之一。

在诺贝尔之前，很多人研究和制造过炸药，如中国的黑色火药和意大利人发明的硝化甘油。硝化甘油的爆炸力比黑火药大得多，但它不易控制，容易自行爆炸，也不容易按照人的要求爆炸，制造、存放和运输都很危险，人们不知道该怎样使用它，所以在硝化甘油发明以后的十几年间，人们只用它来治疗心绞痛。

诺贝尔就从硝化甘油的制造和研究入手。起初，他用黑色火药引爆硝化甘油，后来又发明了雷管引爆，取得了使硝化甘油爆炸的有效方法。

初获成功之后，接着就是实验室大爆炸的巨大挫折。诺贝尔只好把实验室移到船上。后来几经波折，他在一个叫温特维根的地方找到一处新厂址，在那里建立了世界上第一个硝化甘油工厂。

在诺贝尔研究的道路上，真是困难重重，多灾多难。他制造的硝化甘油，经常发生爆炸：美国的一列火车被炸成了一堆废铁；德国的一家工厂，全部成了一片废墟；一艘海轮，船沉人亡。

　　这些惨痛的事故，使世界各国对硝化甘油失去了信心，有些国家下令禁止制造、贮藏和运输硝化甘油。在这种艰难的情况下，诺贝尔没有灰心，不解决硝化甘油的不稳定问题，他决不罢休。经过多次反复试验，他终于发明了用一份硅藻土（一种名叫硅藻的极小的生物壳堆积而成）吸收硝化甘油的办法，第一次制成了运输和使用都很安全的工业炸药。诺贝尔再接再厉，又把发明的成果向前推进了一步，用火棉和硝化甘油发明了爆炸力很强的胶状物——炸胶；再把少量樟脑加到硝化甘油和炸胶中，制成了无烟火药。

　　在通往成功的路上，每一次的失败都应该有价值，只要我们懂得吸取教训，只要我们能够做到事在人为。诺贝尔在试验的过程中，火药爆炸炸死了他的弟弟，炸伤了他的父亲。但他没有退缩，他在以往失败的基础上，终于成功的研制成了现代炸药，为人类社会的文明作出了重要的贡献，也为后人提供了成功的经验。

不计得失，有强者气量

不可否认，狼是自然界的强者，强在极大的气量，狼不会为了所谓的尊严在自己弱小时攻击比自己强大的东西。狼不会为了嗟来之食而向主人摇头摆尾。因为狼知道，决不可有傲气，但不可无傲骨，这就是强者的气量，伺机而动，不计较一点一滴的得失。但又绝不会低头献媚，出卖自己的灵魂。

世上成大事者，都有一颗宽大的心。我们在生活中常可以看到一些为小事而斤斤计较的人，这样的人都是极度平庸的人，也是十分可笑的人。有一个关于棕熊的故事，可以在我们的生活中找到原形。

棕熊是世界上最大的食肉动物之一。棕熊的主要食物有各种昆虫、鲑鱼等鱼类、鸟类及野兔、土拨鼠等兽类，它也对鹿、野牛、野猪等大型动物发动攻击。在山林中很少有动物抵抗得过它。棕熊走路缓慢，但跑起来却很快，很多动物以为它很笨，结果往往被它突然咬住而丢了性命。

但棕熊也有它的缺点，就是容易发怒。比如树上的猴子摘果子时不小心掉下一颗，正好打在了棕熊的头上，它便咆哮着要找猴子打架。结果，机灵的猴子几个跳跃便跑得无影无踪了，它还抱着那棵树不停地撕咬着。

狐狸是森林中最狡猾的动物，它常爱捉弄像棕熊这样体形庞大而气量极小的动物。狐狸喜欢躲在浓密的树叶中，专等棕熊笨重的身影出现，它便用树上的果子砸向棕熊。棕熊果然咆哮着向狐狸所在的那棵树扑去，就在棕熊张开血盆大口撕咬那棵树的时候，狐狸又灵巧地跳到了另一棵树上，继续用果子向棕熊砸去。

一只小小的猴子，一只体重不足 20 公斤的狐狸，一颗轻飘飘的果子，原本就对棕熊这种体形庞大的动物构不成任何威胁，可棕熊一定要与它计较，结果因此而受伤。

生活中很多人也像棕熊一样喜欢与他人计较，反而被小事牵引，整天烦恼不堪。那颗从树上突然掉下来的果子，如果你不去理会，毫不介意，果子还是果子，你还是你，互不相干；但若你理会了，便会引来重重烦恼，将自己弄得心力交瘁，将原本美好的生活搅得一塌糊涂。

成功者中是不可能有这样的人的。我们需要的是强者，一种宽大的气量。三国周郎，容不得诸葛亮之才不为东吴所用，三次设计害之，三次不成，反而被诸葛亮气死了。周郎之死，实在不值什么，虽让人惋惜不已，但如此气量狭小之人，终究不会是东吴之福吧。更有曹真军师司徒王朗，口出狂言，认为只用一席话，管教诸葛亮拱手而降。不料两军阵前，没有说动诸葛亮分毫，倒叫他一顿臭骂，气塞胸膛，大叫一声，撞死于马下。志气那么大，气量这般小，王朗之死，让人哭笑不得，但我们对这种人，也只有笑笑而已。

气量太小者，往往是会自取灭亡的。

《吕氏春秋》中又有一篇寓言，题为《宾卑聚自杀》，专门劝喻这种没有气量的人：齐庄公之时，有士曰宾卑聚，梦有壮子，白缟之冠，丹绩之缨（系帽的带子），东布之衣，新素履，墨剑室（剑鞘），从而叱之，唾其面，惕然而寤（醒），徒梦也。终夜坐不自快。明日召其友而告之曰：吾少好勇，年六十而无所挫辱，今夜辱，吾将索其形，期得之则可，不得将死之。每晨与其友俱立乎衢，三日不得，却而自毙。

看完此文，我们只能说一句，"又何必呢？"

范仲淹《岳阳楼记》中有句话，"不以物喜，不以己悲"，这才是达观的处世态度。遇事要看得开一点，想得远一点。古语说得好："将相头上堪走马，公侯肚内可撑船"，我们要做就要做现代社会中的"将相公侯"。

战国时期，赵国的蔺相如因为出使秦国，临危不惧，战胜了骄横的秦王，为赵国立下大功，因而被赵王封为上卿。廉颇，是赵国的一员名将。武灵王在位时，南征北战，为赵国立下汗马之劳；惠文王当政后，东挡西杀，他更是为赵国屡建新功。他是赵国谁都比不了的举足轻重的功臣。

蔺相如为上卿后，廉颇不满地逢人便说："我有攻城野战之功，他蔺相如算什么？只不过是有口舌之劳。而且，他是宦者舍人，出身卑贱。然而，他的官位竟居我之上，我怎能甘心？哼哼，待我见到他，非羞辱他一番不可！"

这一天，游说名士虞卿受赵惠文王之托去拜见廉颇。见面后，虞卿先是把廉颇攻城野战的功绩着实地夸耀一番，然后，话锋一转，说道："廉将军，若论军功，那蔺相如自然不如你；可若论气量，将军你可就不如他了。"

廉颇先是喜形于色，后又勃然大怒，问道："蔺相如以口舌取功名，不过一介懦夫。他有什么气量？"

虞卿说："廉将军，秦王那么大的威势，蔺相如都不害怕，他怎么会怕你呢？蔺相如说，今天的秦国有点怕赵国，它所怕的，就是蔺相如跟廉将军的团结一致。如果你们俩互相攻击，那正是秦国所欢迎的事。那时，秦国就不怕赵国了，赵国就要遭受秦国的侵略了。所以，他蔺相如才避开你廉将军。显然，蔺相如是以国家为重，以个人的恩怨为轻。"

"这……"廉颇被虞卿的一席话羞得红了脸。他感到深深地惭愧。

于是，素常威风凛凛的廉将军，袒露着肩背，身背着荆条，不坐车辇，单身徒步到蔺相如的府上请罪来了。见到蔺相如，扑通一声，廉颇跪在了地上："蔺上卿，鄙人见识浅狭，不知上卿胸襟如海。罪过！罪过！请上卿责打我吧！"说着，廉颇从身上取下荆条，向蔺相如递去。

蔺相如见此也跪在了地上，与廉颇跪了个面对面："廉将军啊，你我二人，并肩事主，都是社稷的重臣。将军能够体谅我，我已是感激万分了。怎敢劳将军负荆前来请罪呀！"

见蔺相如如此宽宏大度，廉颇流着泪十分诚挚地说道："蔺上卿，我愿与您结成生死之交，虽刎颈而心不变！"

什么叫人杰？像廉颇、蔺相如者，就是真正的人杰。战国时期的赵国会如此强大，与赵国的杰出人才是分不开的。廉颇能"负荆请罪"，是一种美德，蔺相如身为宰相，位高权重，而不与廉颇计较处处礼让，更是一种大气量。放到现在来说，气量宽大到这种程度，还有什么事情做不成功呢？我们在工作中，如若能有廉颇和蔺相如一样的个人品质。那么，你想不成功都难了。

中国有句古话，"量小非君子"。抛开成败得失不谈，一个人的气量是大是小，能够从根本上体现一个人的品质优劣。至少，气量大一点，可以做到不那么令人讨厌。谁不希望做一个令人喜欢的人呢？但是，要做到"大人有大量"还真不那么容易，除了要有达观的处世态度之外，还得有坚强的自制力。比如说，韩信的"胯下之辱"，没有"无故加之而不怒"的意志支持，那还不"一怒拔剑"？自制力从何而来？从生活中来。首先，你得立志锻炼自己做一个大量的人，并且付诸实践。其次，要时时刻刻坚持锻炼自己的心态，有一个好的心态，就会有一个好的品质，那么你也就会有宽大的气量，只要有足够的气量，你就会获得成功。

《留侯世家》记载：秦朝末年，张良在博浪沙谋杀秦始皇没有成功，便逃到下邳隐居。

一天，他在镇东石桥上遇到位白发苍苍，胡须长长，手持拐杖，身穿褐色衣服的老人。老人的鞋子掉到了桥下，便叫张良去帮他捡起来。张良觉得很惊讶，心想：你算老几呀？敢让我帮你捡鞋子？张良甚至想挥出拳头揍对方，但见他年老体衰，而自己却年轻力壮，便克制住自己的怒气，到桥下帮他捡回了鞋子。

谁知这位老人不仅不道谢，反而大咧咧地伸出脚来说："替我把鞋穿上！"张良心底大怒：嘿，这糟老头子，我好心帮你把鞋捡回来了，你居然还得寸进尺，要让我帮你把鞋穿上，真是过分！

张良正想脱口大骂，但又转念一想，反正鞋子都捡起来了，干脆好人做到底。于是默不作声地替老人穿上了鞋。

张良的恭敬从命，赢得了这位老人孺子可"教"的首肯。又经过几番考验，这位老人终于将自己用毕生心血著成的《太公兵法》赠予张良。

张良得到这本奇书，日夜诵读研究，使之后来成为满腹韬略、智谋超群的汉代开国重臣。

张良能克制自己的不快，为老人拾鞋、穿鞋，实际就是在锻炼自己的气量。看上去好像很窝囊，但这并不是软弱的表现。明知自己比老人身强力壮，处处礼让，这既表现为对老人的尊重，也表现了自身品格的高尚。张良正是在不断礼让的过程中，磨砺了意志，增长了智慧，练就了宽大的气量。最终成为"运筹帷幄之中，决胜千里之外"的杰出的军事家、政治家。真正的强者总是善于在社会中努力锻炼自己，培养自己。有气量者总能掌握一种外圆内方，绵里藏针的管理、处事技巧。让别人的攻击因为没有着力点而不能发挥作用，反之自己只需轻轻一击就可以令竞争对手受到重创，这才是真正的高手应该做的事情。

我们再来看一个例子：

战国时期，魏国有个能人，名叫范雎。范雎想帮魏王出谋划策，但是家里太穷，没有自荐的本钱，只好先在中大夫须贾府上做事。有一次，范雎跟从须贾出使齐国，齐襄王久闻范雎才华出众，便派人给送来黄金和牛酒等物以示敬意。须贾大怒，认为齐王之所以送他礼物，是因为他把魏国的秘密告诉了齐国人。归国之后，须贾一状告到宰相魏齐那里。要是气量小的人早就不干了，可范雎不露声色。魏齐得到密报，怒不可遏，叫家兵家将杖打，范雎肋骨被打断了几根，牙齿也被打掉了好几颗。范雎装作被打死了，魏齐叫人用席子卷起来，丢到厕所里。

这还不算，须贾等人喝醉之后上厕所，轮换着往范雎身上撒尿。范雎好歹也算天下名士，可在如此难堪的局面中，他含辱忍诟，请卫兵帮忙把他当死尸扔到乱坟岗中。

后来，范雎到了秦国，被秦昭公拜为宰相，终身为应侯，为秦国的强大作出了杰出贡献。

抛开别的不说，我们应该佩服范雎的气量。成大事者，是一定要能忍让的。换个角度来说，能如此忍让也是要让时间、事实来替自己说话。时间是可以证明一切的。忍让是一种美德，亲人的错怪，朋友的误解，讹传导致的轻信，流言制造的是非……此时生气无助云消雾散，恼怒不会春风化雨，而一时的忍让则能帮助恢复你应有的形象，得到公允的评价和赞美。然后心平气和地做你应该做的事情。

清代中期，有个"六尺巷"的故事。据说当朝宰相张英与一位姓中的侍郎都是安徽桐城人。两家毗邻而居，都要起房造屋，为争地皮，发生了争执，张老夫人便修书北京，要张英出面干预。这位宰相到底见识不凡，看罢来信立即做诗劝导老夫人：

千里家书只为墙，再让三尺又何妨？万里长城今犹在，不见当年秦始皇。

张母见书明理，立即把墙主动退后三尺；叶家见此情景，深感惭愧，也马上把墙让后三尺。这样，张叶两家的院墙之间，就形成了六尺宽的巷道，成了有名的"六尺巷"。事情就这样：争一争，行不通；让一让，六尺巷。古代人士尚能如此，今天同事之间、邻里之间处理是非小事，更应该有此气量。

气量中包含有忍让、宽容和不拘小节。我们从历史的长河中，能读到很多这样的故事。我们人类也不断地在学习。

《宋史》记载，有一天，宋太宗与两个重臣一起喝酒，边喝边聊，两臣喝醉了，竟在皇帝面前相互比起功劳来，他们越比越来劲，干脆斗起嘴来，完全忘了在皇帝面前应有的君臣礼节。侍卫在旁看着实在不像话，便奏请宋太宗，要将这两人抓起来送吏部治罪。宋太宗没有同意只是草草撤了酒宴，派人分别把他俩送回了家。

第二天上午他俩都从沉醉中醒来，想起昨天的事，惶恐万分，连忙进宫请罪。宋太宗看着他们战战兢兢的样子，便轻描淡写地说："昨天我也喝醉了，记不起这件事了。"

宽容是一种美德，也是有气量的一种表现。现代的领导，都难免遇到下属冲撞自己、对自己不尊的时候，学学宋太宗，既不处罚，也不表态，装装糊涂，宽容处之。这样做，既体现了领导的仁厚，更展现了领导的睿智，不失领导的尊严，而又保全了下属的面子。以后，上下相处也不会尴尬，你的部下更会为你倾犬马之劳。

对于一个企业，领导者的心胸宽广能容纳百川。但宽容并不等于是做"好好先生"，不得罪人，而是设身处地地替下属着想，这样的老板不是父母官，也称得上是一个修养颇高的领导者。优秀的管理人员会尽量避免说不，以免伤害对方。他们不采取任何行动，希望问题会自动消失。但是，他们也绝不会不敢面对问题或向员工投降。有气量和懦弱是有根本区别的。

对于个人的成功，宽容的影响更大，没有宽容，就没有信任。没有宽容，就没有团结和合作。没有宽容，就不可能出现什么奇迹。

古人讲"忍"字，至少有如下两层意思：

其一是坚韧和顽强。晋朝朱伺说："两敌相对，惟当忍之；彼不能忍，我能忍，是以胜耳。"这里的忍，正是顽强精神的体现。

其二是抑制。被誉为"亘古男儿"的宋代爱国诗人陆游，胸怀"上马击狂胡，下马草战书"的报国壮志，也写下过"忍字常须作座铭"。这种忍耐，不正凝聚着他们顽强、坚韧的可贵品格吗？忍让是一种眼光和度量，能克己忍让的人，是深刻而有力量的，是雄才大略的表现。

气量很多时候也表现在不拘小节上。我们先来看一下关于对唐太宗李世民的介绍：

李世民（598—649）即唐太宗，唐朝皇帝，626年至649年在位。在位期间任贤纳谏，励精图治。推行均田制、租庸调法和府兵制；发展科举制；施恩威于边境，嫁文成公主于吐蕃赞普松赞干布，加强汉藏联系，使国昌民富，被誉为"贞观之治"。《旧唐书》称其"玄鉴深远，临机果断，不拘小节，时人莫能测"，又"拔人物则不私于党，负志业则咸尽其才"。

能开创中国历史上最为强大的帝国，唐太宗的气量，不可谓不大。《旧唐书》称其"不拘小节"，也许是对他最为贴切的评语。大的气量，应该做自己认为的大事，沉迷于点滴小事中而不能敞开胸怀，是最得不偿失的，也是最为愚蠢的行为。

在心为志，志存高远

"志"是人的心意所向，作为人生的追求目标，"志"有着举足轻重的地位。狼的生存也可以称其为心态的生存，这可以引申到我们人类的志存高远。

立志也就是使一个人站立起来，从懵懵懂懂中清醒过来，从浑浑噩噩中悔悟过来，从芸芸众生中凸显来。生活不能没有目标，人生不能没有方向。

"立志"，就是给人生一个目标，一个方向，使我们的智慧、情感和意志沿着既定的方向驶向既定的目的地。《大学》有言："知止而后有定，定而后能静，静而后能安，安而后能虑，虑而后能得。"这个"止"，就是人生的至善境界，是支撑人的价值和尊严的东西。

在中国文化的传统意义上，立志与做人是密切相关的，志向如何，不但决定人的品格如何，而且也决定着成就如何。立志，也是一种人生智慧。

一方面，需要有崇高的目标，如诸葛亮写给他外甥的一封信中说："夫志当存高远……若志不强毅，意不慷慨，徒碌碌滞于俗，默默束于情，永窜伏于凡庸，不免于下流矣。"

另一方面，也不可好高骛远，妄自尊大到不切实际的地步，即所谓"志大才疏"，如《三国演义》中的袁绍，自以为兵多将广，又有四世三公的出身，坐拥青、冀、幽、并等地，在群雄中无人可比，天下唾手可得，结果在官渡被曹操打败。

等到曹操举兵攻冀州时，袁绍又气又急"吐血斗余"而死。《三国演义》特别有一首诗议论这种立志不当之人：

　　累世公卿立大名，少年意气自纵横。空招俊杰三千客，漫有英雄百万兵。羊质虎皮功不就，凤毛鸡胆事难成。更怜一种伤心处，家难徒延两弟兄。

既要有高远志向，又要踏实努力，这是一种人生智慧。儒学的创始人孔夫子在立志上可称颇具创造性。《论语·为政》说："吾十有五，而志于学。"治学是孔子的本意。孔子治学而不入仕。在当时是不会有太高的地位的，但当孔子看到了在"礼崩乐坏"的时代，新兴统治者不断产生，新兴统治者为了表明自己执政的合理性，往往要援引传统理论，以说明自己行动的正确性。他想通过掌握了"道"的士人去影响并改造统治者，于是便将解"道"当作了自己的主要任务，这就是后来的治学与讲学。志存高远，必然带动充实的人生，孔子一生以治学为核心，终成"大家"，也算充实。

现实社会中的很多人都在立志，但是不敢立大志，对自己缺乏足够的自信，其实我们应当深信：志当存高远，要立志就要立大志。俗话说"有志者事竟成"，只要我们有坚定不移的奋斗目标，相信终有一天，我们能够实现它。

著名的波兰科学家哥白尼，在40岁时提出了日心说，改变了人类对自然对自身的看法。当时罗马天主教廷认为日心说违反《圣经》，哥白尼仍坚信日心说，并经过长年的观察和计算完成他的伟大著作《天体运行论》。他用毕生的精力去研究天文学，为后世留下了珍贵的遗产。

创立"陈氏定理"的数学家陈景润，在中学时期就立下了志向，一定要证明出哥德巴赫猜想，为祖国争光，为祖国的科学事业作出贡献。为此，他始终刻苦学习，努力钻研。在那个特殊时期，他顶着狂风巨浪，忍受着疾病的折磨，坚持斗争，终于初步证明了哥德巴赫猜想，为数学科学打开了禁区，为祖国争得了荣誉。

在中华五千年的文明历史中，立志成才的历史人物有很多，他们大都成为了当时社会的人才。他们的精神也鼓舞了很多的人。

林则徐自幼聪敏过人，年仅 12 岁时就取得郡试第一的成绩，13 岁时就考中秀才。父母决心把他培养成报效国家的优秀人才，所以不顾家中贫苦难支，毅然决然地把儿子送进当时福建的最高学府鳌峰书院，拜不阿权贵、不肯向和坤屈膝而愤然辞官教学的郑光策为师。在父母及良师益友的良性引导下，林则徐在鳌峰书院发奋攻读了七年，博览群书、大开眼界，读书报国的思想日渐明确。他曾在札记中写道："岂为功名始读书。"显然，他摒弃了"学而优则仕""读书为当官"的传统思想。

在林则徐 20 岁中举之后，父亲又经常带他参加本地的一些知名学者们组织的主张革新礼仪，反对繁文缛节、庸俗泥古，具有开明进步倾向的"率真会"的研讨活动；同时还把他引见给因仗义敢言、勇揭贪官而被诬下狱、发配新疆却始终不屈的学界先辈林雨化，鼓励他向这位有骨气、敢抗争的前辈学习。

在父母爱国思想的熏陶下，少年时期的林则徐就对诸葛亮、李纲、岳飞、文天祥、于谦等爱国英雄深怀敬仰，立志效仿。他曾多次组织同窗到越王山麓的李纲祠凭吊，赋诗填词抒发报国之志、爱国情怀。22 岁那年，他又和同窗一道发起集资捐款修葺李纲祠的义举，充分表达出自己的爱国情操。终于以在虎门焚烧外国大量鸦片，沉重打击侵略势力的嚣张气焰的壮举，成为中华民族的英雄。

我们在当今的社会中也可以找出很多立志成才的例子。然而，也有一些人，他们常常立志，但当遇到困难的时候，他们又很容易退缩，他们不愿付出努力，最终一事无成。这样的人没有远大而坚定的志向，没有矢志不渝的奋斗目标，没有吃苦耐劳的作风，没有为科学献身的可贵精神。他们永远也不能对人类作出贡献，永远也享受不到经过艰苦奋斗而得到的欢乐。

立志高远，可以使人生充满信心。三国时诸葛亮与友人石广元、徐元直、孟公威等避乱游学于荆州，他们都有极高的才识，但却无进仕的机会，讨论人生前途，是他们经常讨论的话题。不过，他们又都志存高远，因此对前途总是抱有信心。

当刘备礼贤下士，三顾茅庐，诸葛亮迅速作"隆中对"，向刘备讲述鼎足三分的战略计划，并且随刘备一起卷进群雄逐鹿的政治、军事斗争的漩涡之中。在参与赤壁之战，夺取益州、汉中，平定南中之叛，六出祁山伐魏等一系列引人注目的军事活动后，于公元234年病逝于五丈原。临终前诸葛亮上表给刘禅说："臣家成都有桑八百株、薄田十五顷，子弟衣食，自有余饶。至于臣在外任，无别调度，随身衣食，悉仰于官，不别治生，以长尺寸。若臣死之日，不使年有余帛，外有盈财，以负陛下。"这说明诸葛亮对个人的生活及俸禄、官职并无太多要求。他的志向，在于实现作为帝王师的理想。这样的志向自然是高远之志，非一般人可以理解，但对于后人，却具有极其重大的影响。

现代企业经营管理者，不求上进者比比皆是，他们有点成就就躺在原地睡觉。联想集团的前CEO柳传志曾说，联想为什么能做大，的确要志存高远，想到才能做到，想都不敢想怎么做。但知难行易，过河如何过，要想得比较清楚，然后去培养自己的素质。

一个人如果拥有狼一样的心态，就能创造奇迹。志存高远的心态同样可以决定一个人的一生。"景泰蓝王"陈玉书就是利用志存高远的心态，创造出了一个商业奇迹。

陈玉书出生于 1914 年，祖辈侨居印度尼西亚，他在印度尼西亚度过了他的青少年时期。1960 年回国，进入北京师范学院就读历史系。通过系统地学习中国历史，因此对中国历史了解得非常透彻。这些历史知识给他以后的成功带来了不可估量的作用。

1972 年，陈玉书离开了内地，赴香港谋生。这在当时算是"旁逸斜出"之举，从中我们可以看出他身上潜藏着冒险精神和志存高远的心态。抵港后，他先是靠卖苦力维持生活，当过工人、仓库管理员。有一次他失业了，碰巧太太又怀孕了。然而，恶劣的环境下无法再哺育一个小生命，只能忍痛进行人工流产，所需的费用还是四处找人借来的。

后来，一个偶然的机会，陈玉书在维多利亚公园碰到了一个妇女正为孩子荡秋千，她体弱无力，陈玉书帮了她。没想到这一帮竟成了他命运的转折点。原来这位妇女是印尼驻港领事馆的一位高官的太太，在她得知陈玉书曾久居印尼后，就热心地把他介绍给丈夫。她的丈夫为陈玉书谋到了一个能为印尼华商办理签证手续的职位，陈玉书也因此逐渐积攒了一些积蓄。有了点经济基础后，陈玉书立即投身于商海，经营过茶叶，推销过收音机。1975 年，陈玉书在两位港商的介绍下，与台商做生意，购台湾涤纶布销往大陆，金额高达 400 万美元。

不料这两位港商与台商有勾结，存心骗钱。当他在海关开仓验货时，顿时目瞪口呆，原来高价买来的全是废布。辛辛苦苦赚回的资本，一夜间化为乌有。经过如此的惨败，对许多人或许是一次"毁灭性"的打击。但陈玉书既没有消极怕事，也没有丧失理智，他很客观地评价这次失败说，"这次对台贸易，如果对方不骗我，我肯定能赚到可观的美金，可惜下注下错了。"可见其宝贵的冒险精神一点都没有受到影响，因为他是一个胸怀大志的人。正是因为如此，使陈玉书获得成功，奠定了他事业的基础，最终成为"景泰蓝王"。

陈玉书休息了一段时期后，中国拉开了改革开放的序幕，为世界市场提供了许多合作的机会，陈玉书随即把目光投向了中国内地。在友人的牵线搭桥下，他与北京景泰蓝经营部门接洽，第一次就买了价值5万元港币的景泰蓝。虽然陈玉书深知景泰蓝是中国传统文化的结晶，国际上享有崇高声誉，但是第一次做这类生意，他还是有些提心吊胆。结果这些景泰蓝在香港十分抢手，一下子销光了。第二年，他又乘胜追击，与北京景泰蓝经营部订了价值30万港币的仿古景泰蓝，不料行情逆转，货物滞销，但他也没有因此气馁，更没有知难而退。这时他以洪秀全的例子来警醒自己，洪秀全这个农民起义军首领，创建了太平天国，带领农民军杀出广西，穿越湖广，直达金陵，英勇顽强，所向披靡，可就在占领南京后，停步不前，结果被清兵反扑、围困，落得个自杀的下场。陈玉书想，自己绝不能像他一样，成为一个失败者，做人要有远大的志向。

陈玉书深信，在形势不利，前进受阻时，"越是保守，越是死路一条"，与其坐以待毙，不如奋起而搏。因此，他决定"虚张声势"，逆市而上，一连开了四间景泰蓝专卖店，还大肆宣传。他回忆说，其实当时的店铺很冷清，销售额每月只有40万港币，费用却用去了20万港币，可以说，这是一次面临破产的赌博。

但他希望能把"繁荣"的招牌打响。在如此萧条的市场气氛中，却有此"繁荣"的景象，当然吸引了大批顾客、行家的注意力，陈玉书的目的达到了。而且这大胆的一步还为他下一步更大的成功起到了奠基的作用。

1982年，景泰蓝市场越来越萧条。北京工艺品公司库存的价值1000万人民币的景泰蓝滞销，当时曾有几批港商想趁机低价进货，但一见数量如此庞大，都摇摇头走了。敢冒险的陈玉书却认为这是千载难逢的机会，他深信，景泰蓝绝不会长期滞销，不久将会解冻，成为热门货。并且，如果买下这批货，就等于把北京的仓库搬到香港，他将成为全世界的景泰蓝供应商，所获利润难以估量。这个险值得冒！他订下了全部的货。果然，不久市场回暖，陈玉书的景泰蓝连锁店的营业额增长了10倍，他打响了景泰蓝"存货最多""品种最全""货真价实"的金字招牌。此举大获全胜后，陈玉书的事业一路顺风顺水。他又投入资金在国内建厂开发景泰蓝新品种，要求产品要"日用化、实用化"，一批批别致新颖的用景泰蓝做的灯罩、鸟兽等产品，一上市立即被抢购一空。不仅如此，景泰蓝还打入了国际市场，吸引了大批海外订单。就这样，曾经做过工人的陈玉书成了闻名全港的"景泰蓝王"。

在香港流行着"无地不富"之说，各行各业的发迹者，事业稍有起色都会立即把资金投入房地产中保值或套利，如"塑料大王"李嘉诚、"船王"包玉刚，发财后都转向房地产界。港人似乎对地产情有独钟，不约而同把地产当作最好的投资项目。陈玉书当然也不会例外，他自称，他的成功一半是依靠地产。虽说港人深谙"无地不富"的道理，但有时也会产生自相矛盾的"有地不富"的心态。香港地少物薄，经济活动又十分活跃，地产业自然成了港商理想的首选项目。

"众人拾柴火焰高"，被炒作火热的地产业成了高风险、高收益的产业。市场楼价大幅飙升，自然"无地不富"；一旦市场清淡或被什么不利的因素影响，当然就"有地不富"。当别人因市场不好扬言要"跳楼"时，却是他发财的大好时机。因此有人打趣他是"咸鱼翻身的陈玉书"。

1984年，中英就香港问题进行谈判期间，香港舆论炒得沸沸扬扬，各种猜测、各种传闻铺天盖地。手头上持有地产的人急得像热锅上的蚂蚁，惶惶不可终日，而准备入市的人更是二话没说转身离去，香港楼价、地价被压得非常低，甚至有些楼价已跌穿成本。陈玉书瞅准这个机会，倾尽所有流动资金，趁低吸纳，地皮、厂房、别墅、住宅、楼宇等地产项目成了他投资的目标。他深信"香港的地产，永远向上升值，所谓回落或大跌是暂时性的"。

不久，中英签署了联合声明，中国于1997年7月1日对香港恢复行使主权，为了使香港保持稳定和繁荣，提出"一国两制"50年不变的方针。港人好像吃了定心丸，大部分人的信心受到了鼓舞，形势拨云见日了，地产业立时复苏，进而其价格如脱缰的野马般暴涨，一夜之间港人又恢复了"无地不富"的心态。有胆有识的陈玉书在此期间使其财富翻了几番。陈玉书经营地产有一特点，只买不卖。可以说，他对地产业的投资已到了"如痴如醉"的程度，并习惯性地以地产来衡量自己的财富。究其原因，还是他始终认为"地产永远会升值"。

陈玉书能够取得成功，在很大程度上取决于他不畏艰难、志存高远的作风。

成功的人士其实更应该心存"大志"。清末儒者、湖北巡抚胡林翼在给他弟弟的一封信中写道，人生决不当随俗浮沉，生无益于当时，死无闻于后世，可断言者也。惟然，吾人当求所以自立，勉为众人所不敢为、不能为之事，上以报国，下以振家，庶不负此昂藏七尺之躯。

"生有益于当时，死闻达于后世"，这是一个很伟大的理想。人生在世，庸碌无为，默默无闻，无异于对自我生命价值的否定。

第 六 章

锲而不舍的坚韧

不屈不挠地追求目标

狼的追求就是完成它自己的"目标"。杰克·伦敦在《热爱生命》中描绘了一个人靠自己的坚强挽救了自己生命的故事。当你在为主人公的命运而担忧的同时，也一定也会佩服那几只狼的坚忍。它们为了自己的目标，不懈追求，不屈不挠，虽然最后失败了，但它们充分展示了狼性的品质：从不低头认输。

当我们遇到问题时，我们要在心里打定主意，无论遇到什么困难，我们的目标就是解决问题。我们在解决问题的时候，是要讲方法和策略的。当你想方设法去解决一个困难而复杂的问题时，如果同时盯着许多需求，就容易丧失目标。当你感到完全被困难包围时，就应该后退一步，琢磨琢磨你正在做什么。问问自己，现在干的事情对目标是否有推动作用？如果不是，那就是浪费时间。其实这个问题是很重要的。"魏文王问扁鹊"这个历史故事，讲的就是这个道理。

魏文王问名医扁鹊说："你们家兄弟三人，都精于医术，到底哪一位的医术最好呢？"

扁鹊答说："长兄最好，中兄次之，我最差。"

魏文王再问："那么为什么你最出名呢？"

扁鹊答说："我的长兄治病，是治病于病情发作之前。由于一般人不知道他事先能铲除病因，所以他的名气无法传出去，只有我们家的人才知道。我的中兄治病，是治病于病情初起之时。

一般人以为他只能治轻微的小病，所以他的名气仅限于本乡。而我扁鹊治病，是治病于病情严重之时。一般人都看到我在经脉上穿针管来放血、在皮肤上敷药等大手术，所以以为我的医术高明，名气因此响遍全国。"

魏文王说："你说得好极了。"

事后控制不如事中控制，事中控制不如事前控制。可惜大多数的事业经营者均并不能认识到这一点，等到错误的决策已经造成了重大的损失才寻求补救之法，亡羊补牢，为时已晚。因此，我们在解决问题时不应该犯这种错误。

要时不时地回过头看一看，你做的事情是不是和你要解决的问题对应，即完成你的终极目标是最为重要的。那么什么是终极目标呢？举个简单的例子，你想买东西，然后你去商店把东西买回了家，终极目标就完成了。

确定你的终极目标，就是要你清楚你自己的目的。然后高瞻远瞩，对你的目标发展有预见性和认识的深度，让自己每走一步都清楚自己的位置，而不会有所偏离。因此，如果想完成你的目标，高瞻远瞩是很重要的。目光短浅的人，是不可能达成他的终极目标的。

曾经有两个企业都想在某郊区投资地产，并各派了专人前去调查那里的情况。结果甲企业的人在考察之后，向公司报告说：那里人口稀少，房地产业发展机会渺茫，房子修好了也没有人来住。而乙企业的人则在考察之后，向公司报告说：该地虽然人口稀少，但环境优美。人们厌倦了城市的喧嚣，定会喜欢在那里安置生活。果然不出乙企业的所料，城里人越来越向往农村生活，尤其是一些"农家乐"，生意更是红红火火。所以乙企业的投资是明智的。

甲企业的人员鼠目寸光，只看见眼前事物的表象，错失了他们的"终极目标"；而乙企业的人却高瞻远瞩，从表象里预见到未来。乙企业的远见卓识远远高于前者。如果一个企业的领导像甲企业的人一样短视，那么他的决策很可能都是短期行为，不如像乙企业那样，眼光放长远一点，就能使企业获得长远的利益。我们个人也是一样，成功永远属于那些有远见的人。真正有所成就的人，必须学会思考。

其实这个终极目标并非隐藏在你的内心深处，而是在你无法想象的高处，至少是在比你平日所认识的"理想"更高的层次上。因此，在每日忙忙碌碌的生活中，我们一定要随时怀有这个终极目标，随时关注着人生这个大局，随时丰富自己的人生价值观。这样，我们才能高效地获得自己想要的结果。在完成目标时还要注意效率与效能的关系。

我们来引用管理大师彼得·德鲁克在《卓有成效的管理者》一书中讲道："效率是'以正确的方式做事'，而效能则是'做正确的事'。"

人们关注的重点往往都在于前者：效率和正确做事。但实际上，第一重要的却是效能而非效率，是做正确的事而非正确做事。正如彼得·德鲁克所说："对企业而言，不可缺少的是效能，而非效率。"即我们要做正确的事。

我们来看看一个关于黑熊和棕熊的故事：

黑熊和棕熊喜食蜂蜜，都以养蜂为生。它们各有一个蜂箱，里面养着同样多的蜜蜂。有一天，它们决定比赛看谁的蜜蜂产的蜜多。

黑熊想，蜜的产量取决于蜜蜂每天对花的"访问量"。于是黑熊买来了一套昂贵的测量蜜蜂访问量的绩效管理系统。在黑熊看来，蜜蜂所接触的花的数量就是其工作量。每过完一个季度，黑熊就公布每只蜜蜂的工作量；同时，黑熊还设立了奖项，奖励访问量最高的蜜蜂。但它从不告诉蜜蜂们它是在与棕熊比赛，只是让蜜蜂比"访问量"。

棕熊与黑熊想的不一样。它认为蜜蜂能产多少蜜，关键在于它们每天采回多少花蜜，花蜜越多，酿的蜂蜜也越多。于是它直截了当地告诉众蜜蜂：它在和黑熊比赛看谁产的蜜多。它花了不多的钱买了一套绩效管理系统，测量每只蜜蜂每天采回花蜜的量和整个蜂箱每天酿出蜂蜜的量，并张榜公布测量结果。棕熊也设立了一套奖励制度，重赏当月采蜜最多的蜜蜂。如果一个月的蜜蜂总产量高于上个月，那么所有蜜蜂都将受到不同程度的奖励。

一年过去了，两只熊查看比赛结果，黑熊的蜂蜜不及棕熊的一半。

黑熊的评估体系很精确，但它评估的绩效与最终的绩效并不直接相关。黑熊的蜜蜂为提高"访问量"，都不去努力采更多的花蜜，因为采的花蜜越多，飞起来就越慢，每天的"访问量"就越少。黑熊的蜜蜂是在"正确地做事"。另外，黑熊本来是为了让蜜蜂搜集更多的信息才让它们竞争，但由于奖励范围太小，为搜集更多信息的竞争变成了相互封锁信息。蜜蜂之间竞争的压力太大，一只蜜蜂即使获得了很有价值的信息，比如某个地方有一片巨大的槐树林，它也不愿将此信息与其他蜜蜂分享。

而棕熊的蜜蜂则不一样，因为棕熊它不限于奖励一只蜜蜂。为了采集到更多的花蜜，蜜蜂相互合作，嗅觉灵敏、飞得快的蜜蜂负责打探哪儿的花最多、最好，然后回来告诉力气大的蜜蜂一起到那儿去采集花蜜，剩下的蜜蜂负责贮存采集回的花蜜，将其酿成蜂蜜。虽然采集花蜜多的蜜蜂能得到更多的奖励，但其他蜜蜂也能捞到部分好处，因此蜜蜂之间远没有到人人自危、相互拆台的地步。棕熊的蜜蜂是在"做正确的事"。

绩效评估是专注于活动，还是专注于最终成果，管理者须细细思量。

"正确地做事"与"做正确的事"有着本质的区别。"正确地做事"强调的是效率，其结果是让我们更快地朝目标迈进；"做正确的事"强调的则是效能，其结果是确保我们的工作是在坚实地朝着自己的目标迈进。换句话说，效率重视的是做一项工作的最好方法，效能则重视时间的最佳利用——这包括做或是不做某一项工作。工作的最大秘诀就是，每一个人在开始工作前必须先确保自己是在"做正确的事"。"正确地做事"是以"做正确的事"为前提的，如果没有这样的前提，"正确地做事"将变得毫无意义。首先要"做正确的事"，然后才存在"正确地做事"。

任何时候，"做正确的事"都要远比"正确地做事"重要。对企业的生存和发展而言，"做正确的事"是由企业战略来解决的，"正确地做事"则是执行问题。如果做的是"正确的事"，即使执行中有一些偏差，其结果可能不会"致命"；但如果做的是错误的事情，即使执行得完美无缺，其结果对于企业来说也可能是"灾难"。

自身提高比实现目标更重要

像狼一样设定目标、追求生命的真谛是非常重要的。设定目标时要记住一句话：在实现目标的过程中，你自身的提高比实现目标更加重要。

成功的管理是以目标的实现为导向的。我们在设定目标的时候，要来确定以下几个准则：

一、目标必须属于你自己

自己的目标一定要由自己来设定。你自己将成为实现目标的原动力。

二、目标必须切合实际

所谓切合实际，即指具有达成的可能。但是，"目标必须切合实际"这句话并不意味目标应是低下的或是容易达成的。事实上，一个不是轻易能够达成的目标对目标的追求者才具有真正的挑战性。这就是说，目标本身必须具有相当的难度，以及具有被达成的可能性。因此，你在制定目标时，必须令它成为你所愿意追求的与你所能够追求的目标。

三、目标必须具体而且可以衡量

含糊笼统的目标极难形成行动的指南。

四、目标必须具有时限

任何一种目标都必须指明达成的期限。原因有二：

1. 若不限制目标达成的期限，则很容易采取拖延的态度，而使目标的实现遥遥无期；

2. 限定目标的达成期限，有助于实施步骤的拟定。

五、目标之间必须相互协调

同时追求多个目标时，必须事先化解存在于各个目标之间的冲突或矛盾，以免所获得的各种成果因相互抵触而徒劳无功。

我们再来看设定目标的几个步骤：

1. 确定你的起跑线；

2. 把你的目标清楚地表述出来；

3. 把大目标分解成几个易达成的小目标；

4. 限定你目标实现的时间；

5. 评估你目标实现的情况；

6. 祝贺自己。

在我们逐步分析上面的步骤之前，先让我们来看一个故事：

有一名18岁的高中生，她去看了一部电影，那部电影讲述的是一个关于法国埃菲尔铁塔。她高中对这部电影印象非常深刻，于是她就给自己许下了一个承诺，等她高中毕业之后她一定要去巴黎参观一下埃菲尔铁塔。结果高中毕业后就忙着上大学。她的梦想是在高中时就酝酿而成的，大学四年她就一直对自己期许，等她大学毕业以后她想去一趟。大学四年很快就过去了，但是她的梦想依然没有实现。当大学毕业以后，她就急于想找一份安定的工作。当她找到工作的时候，她又说等她工作稳定的时候她一定要去巴黎。而在她工作稳定的时候她又开始恋爱了。谈了恋爱她又跟自己许诺，等结婚时她一定要去一趟巴黎。结果结婚以后就一直忙于家务，接着她怀孕了。她又想等她生了小孩她再去巴黎玩。但是生了小孩以后，她又开始忙着照顾先生，处理家里的事情，还要照顾小孩。这时她又给自己做了一个许诺，等孩子长大了，她一定要去巴黎看埃菲尔铁塔。

这个梦就从高中、大学时代，到她工作，她结婚，她生孩子，一直到孩子也长大了。后来，她的孩子结婚了，也生了小孩。有一天这个女人已经老态龙钟了，说了一句话："嗨，我这一辈子最渴望的就是有一天去巴黎玩"。而这个时候她已经躺在病床上了。

从这个故事里我们可以体会到一个道理：每个人每时每刻都可能因为外界的环境或者信息的影响而产生很多的梦想，这就需要你坚持初定目标。也许这个目标是完全不成熟的，所以还需要你的加工改造，以及付诸行动。

对于你的人生来说，有一个多年的计划，而且这个计划能够越来越聚焦的话，它就可以成为你人生的目标。人生目标应该要细分到不同的领域，有健康的目标，家庭的目标、工作的目标、人际关系发展的目标、理财的目标、成长的目标、甚至有休闲以及心灵成长的目标。人就是因为有梦想，才能把梦想变成多年的计划。

把这些计划设定为目标，实际上就是对未来进行思考。要达成这些目标当然是有一定条件的，这些条件就是我们要达成目标的步骤。

首先要确定我们的起跑线，即我们准备要干什么。对这个目标你是不是非常想达成，这是一个关键的因素。如果没有强烈的欲望，这个目标是很难实现的。拥有强烈的欲望是成功的一半，没有目标就没有前进的方向，没有起跑线就无从规划自己的路线。

把你的目标清楚地表述出来。表述你的目标要以你的梦想和你个人的信念作为基础。你对自己的目标是不是有坚定的信念，你的自信的程度如何。如果没有，那你离目标的实现可能还有一段差距。把你多年的计划，浓缩再浓缩，白纸黑字、明确具体地写下来。这样你就能集中精力，发挥出高效率。

把整体目标分解成几个易达成的目标。把一个目标分成了几个小目标，看似复杂了，其实这是一个最为有效的方法。其实我们每个人可能都用过这个方法，只是你不曾发觉而已。我们来举几个例子：

火箭升天的例子

火箭飞向月球需要一定的速度和质量。科学家们经过精密的计算得出结论：火箭的自重至少要达到 100 吨，而如此笨重的庞然大物无论如何也是无法飞上天空的。因此，在很长一段时间里，科学界都一致认定：火箭根本不可能被送上月球。直到有人提出"分级火箭"的思想，问题才豁然开朗起来。将火箭分成若干级，当第一级将其他级送出大气层时便自行脱落以减轻重量，这样火箭的其他部分就能轻松地逼近月球了。

田本一的故事

1984 年，在东京国际马拉松邀请赛中，名不见经传的日本选手山田本一出人意料地夺得了世界冠军，当记者问他凭什么取得如此惊人的成绩时，他说了这么一句话："凭智慧战胜对手"。当时许多人都认为他在故弄玄虚。马拉松是拼体力和耐力的运动，说用智慧取胜，确实有点牵强。两年后，意大利国际马拉松邀请赛在意大利的北部城市米兰举行，山田本一代表日本参加比赛又获得了冠军。记者问他成功的经验时，性情木讷、不善言谈的山田本一仍回答上次那句让人摸不着头脑的话："用智慧战胜对手"。10年后，这个谜终于被解开了。山田本一在他的自传中这么说："每次比赛之前，我都会乘车把比赛的线路仔细地看一遍，并把沿途比较醒目的标志画下来，比如第一个标志是银行，第二个标志是一棵大树，第三个标志是一座红房子，这样一直画到赛程的终点。比赛开始后，我就以百米冲刺的速度奋力地向第一个目标冲去，等到达第一个目标后又以同样的速度向第二个目标冲去。四十多公里的赛程，就被我分解成这么几个小目标轻松地跑完了。起初，我并不懂这样做的道理，我把我的目标定在四十几公里处的终点线上，结果我跑到十几公里时就疲惫不堪了，我被前面那段遥远的路给吓倒了。"

学会把目标分解开来，化整为零，使之变成一个个容易实现的小目标，然后将其各个击破，是一个实现终极目标的有效方法。

限定你目标实现的时间。如果你在实现目标时没有限定时间，那等于你没有什么目标。只有具体、明确并有时限的目标才具有行动指导和激励的价值。

规定在特定的时限内完成特定的任务，你就会集中精力，开动脑筋，调动自己和他人的积极性以及潜力，为实现目标而奋斗。如果没有明确的具体目标和时限，任何人都难免精神涣散、松松垮垮，这样就谈不上成功和卓越。

目标的实现不光要有时间的限制，还要求你有所行动，没有行动的目标就等于没有目标。

有一个人一直想到中国旅游，于是定了一个旅行计划，他花了几个月阅读可能找到的各种材料——中国的艺术、历史、哲学、文化。他研究了中国各省的地图，订了飞机票，并制订了详细的日程表，标出要去观光的每一个地点，每个小时去哪里都定好了。他的朋友知道他对这次旅游翘首以盼。在他原定回国的日子之后几天，他的朋友到他家做客，问他："中国怎么样？"

这人回答："我想，中国是不错的，可我没去。"

这位朋友大惑不解："什么！你花了那么多时间做准备，出什么事啦？"

"我是喜欢定旅行计划，但我不愿去飞机场，受不了，所以待在家中没去。"

苦思冥想，谋划如何才能有所成就，是不能代替身体力行去实践的，没有行动的人只是在做白日梦。

定期评估你目标实现的情况，评估你目标的进展，是非常重要的。随着你计划的进展，你一定会在其中发现很多的问题。这些问题往往是很重要的。这就要求你有所改进，有所行动，目标的实现过程其实也是你不断进步的过程。只要你不断地进步，在正确的行动轨道上行进着，那么你离成功也就不会太远了。

当你小有成绩的时候，可以奖励自己。为自己庆贺一下，也就是在激励自己。

树立目标，累积成就

自己的木材自己砍，自己的水要自己来挑。生命中的重要目标也要由你自己来树立，把目标变为现实是你自己的事情。

化目标为现实，拿破仑·希尔在《成功定律》一书中给出了下面的步骤：

一、你要在心里确定希望拥有的具体数字

空泛地说"我需要很多很多钱"，是没有用的，你必须确定你追求的目标的具体标准。例如，挣多少钱，拥有什么职位，取得什么科学成果等。

同样是做房地产生意，汤姆计划向银行贷款120万美元，而约翰则向银行贷款119.19万美元。最后银行决定贷款给约翰，而拒绝了汤姆的贷款请求。因为银行的工作人员认为约翰的预算具体化且考虑很周到，说明约翰办事仔细认真，成功的希望较大。

由此可见，必须要设定一个具体可行的目标。

二、坚强的决心可以创造奇迹

获得成功的人都知道，进步是一点一滴不断努力得来的。房屋是由一砖一瓦堆砌成的；足球比赛的最后胜利是由一次一次破门得分累积而成的；商店的繁荣也是靠着一个一个的顾客创造的。所以每个重大的成就都是由一系列的小成就累积成的。

有一个著名的作家兼战地记者，曾在1957年某一期的《读者文摘》上撰文表示，他所收到的最好忠告是"继续走完下一里路"，下面是其文章中的一段：

第二次世界大战期间，我跟几个人不得不从一架破损的运输机上跳伞逃生，结果迫降在缅印交界处的树林里。当时唯一能做的就是拖着沉重的步伐往印度走，全程长达 225 公里，必须在 8 月的酷热和季风所带来的暴雨侵袭下，翻山越岭，长途跋涉。

才走了一个小时，我的一只长筒靴的鞋钉扎了另一只脚，傍晚时双脚都起泡出血，那血泡的范围像硬币那般大小。我能一瘸一拐地走完 225 公里吗？别人的情况也差不多，甚至更糟糕。他们能不能坚持呢？我们以为完蛋了，但是又不能不走。为了在晚上找个地方休息，我们别无选择，只好硬着头皮走完下一里路……

当我推掉其他工作，开始写一本书时，心一直静不下来。我差点放弃一直引以为荣的教授的尊严，我几乎不想干了。最后我强迫自己只去想下一个段落怎么写，而非下一页，当然更不是下一章。整整 6 个月的时间，除了一段一段不停地写以外，我什么事情也没做，结果居然写成了。

几年以前，我接了一件每天写一个广播剧本的差事，到目前为止一共写了 2000 个。如果当时签一份"写 2000 个剧本"的合同，我一定会被这个庞大的数目吓倒，甚至把它推掉，好在只是写一个剧本，接着又写一个……真的就这样日积月累地写出这么多了。

"继续走完下一里路"的原则不仅对这个作家很有用，对你也很有用。

按部就班做下去是实现任何目标的唯一的聪明做法。最好的戒烟方法是"一小时又一小时"地坚持下去。我有许多朋友用这种方法戒烟，成功率比别的方法多。这个方法并不是要求他们下决心永远不抽"烟"，只是要他们下决心不在下一个小时抽烟而已。当这个小时结束时，只需把他的目标改在下一小时就行了，当抽烟的欲望渐渐减小时，时间就会延长到两小时，再延长到一天，最后完成戒烟。那些一下子就想彻底戒烟的人一定会失败，因为心理上的依赖更难克服。一小时的忍耐很容易，可是永远不抽那就难了。

想要实现任何目标都必须踏踏实实地努力才行。对于那些基层员工来讲，不管被指派的工作多么不重要，都应该看成是"使自己向前跨一步"的好机会。推销员每促成一笔交易，都为迈向更高的管理职位积累了条件。

教授每一次的演讲，科学家每一次的实验，都是向前跨一步，都是更上一层楼的好机会。

有时某些人看似是一夜成名，但是如果你仔细看看他们的经历，就会发现他们的成功并不是偶然的，因为他们早已投入无数心血，打好坚固的基础了。那些大起大落的人物，他们的成功来得快，去得也快，只是昙花一现而已。他们并没有深厚的根基与雄厚的实力。

富丽堂皇的建筑物都是由一块块独立的石块砌成的。石块本身并不美观，成功也是如此。

请做到下面的事情：

一、把你的下一个想法（不论看起来多么不重要）变成迈向最终目标的一个步骤，并且马上去实施。时时记住下面的问题，用它来评估你做的每一件事。这件事对我的目标有没有帮助？如果答案是否定的，就不做；如果是肯定的，就要加紧推进。

我们无法一下子成功，只能一步步走向成功。所谓合理的计划，就是自行确定每个月的配额或清单。

二、请你想想看，怎样才能提高你的效率。请你利用下面的"30 天的改善计划"来自我衡量一下。你可以在标题之下填入你一个月以内必须做到的事情，一个月以后再检查一下进度，并重新建立新的目标。请你经常留意那些小事，以便提高你承担大事的条件与实力。

三、30 天的改善计划。

从现在开始要给自己制定一个 30 天的改善计划，

（一）改掉这些习惯。

1. 不按时完成各种事情。

我规定我要每天 6 点钟起床，可是我每天都要晚半个小时，这使我的计划无法按时完成。

2. 消极性的语句。

在我非常疲惫的时候，我习惯性会说："我不行了，我不想干了。"

3. 每天看电视超过 60 分钟。

和我的妻子一起看电视，我可以一直看上两个小时。

4. 无意义的闲聊。

我喜欢和朋友大侃一通。

（二）养成这些习惯。

1. 每天早上出门以前检查自己的仪表。

照照镜子，然后让妻子给我一些建议。

2. 第二天的工作都在前一天晚上就计划好。

为第二天的工作做好准备，整理好我的计划和我要的文件。

3. 在任何场合尽量赞美别人。

即使他并没有什么特别值得赞美的地方，我也要小小地赞美他一下。

（三）用这些方法提高我的工作效率。

1. 尽量发掘工作的潜力。

2. 进一步学习公司的业务。如公司的业务有哪些，顾客又是哪些人。

3. 提出三项改善公司业务的建议。

（四）用下面的方法来修养身心。

1. 每周花两小时阅读本行业的专业杂志。

2. 阅读一本励志书籍。

3. 结交四个新朋友。

4. 每天静静思考 30 分钟。

当你看到一个处处都高人一等的风云人物时，立刻提醒自己，那么优美的风度并不是天生的，是由许许多多严格的自我控制所养成的。养成积极的习惯，同时改掉消极的习惯，这正是人的修养过程。

马上就建立第一个"30 天的改善计划"吧！

当你讨论"设定目标"时，时常有人会说："我真的很明白一心一意追求目标的重要性，但是我的杂务太多，经常'扰乱'原有的计划，这该怎么办？"

许多未知的因素确实存在，并影响着你的执行步骤，例如家人生病、工作变动或其他意外事件。

所以，我们心里也要冷静，遇到障碍时要及时采取补救措施。例如你开车碰到"此路不通"或交通堵塞的情况，不可能停着不动，当然也不甘心直接回家，那多煞风景。道路的暂时关闭只是表示现在无法通行，这时你可以从另一条路走，同样能达到目的地。

每当部队的高级将领拟出一个战略计划时，同时也会拟出几个备用方案，以备不时之需。那就是说，万一发生意料之外的事情而取消甲方案时，就改用乙方案。就像飞机原定降落的机场因故关闭，飞机一定会降落到邻近的机场一样。

没有经过许多曲折而成功的例子实在很少见。当我们"迂回前进"时，并没有改变原来的目标，只是选择另一条道路而已，目的地是不变的。

设定一个日期，一定要在这个日期之前把你要"赚的钱赚到手"——没有时间表，你的"船"永远不会"靠岸"。

明确的目标是你自己确立的，没有人能代替，它也不会自己创造自己。你要考虑怎样对付它？什么时候？如何做？

拟定一个实现目标的可行计划，马上行动——你要习惯"立刻行动"，不能够再耽于"空想"，应该"现在就做"。

在你的有生之年，当"现在就做"的提示从你的潜意识闪现到你的意识，要求你做应该做的事情时，立刻行动，这是一种能使你成功的良好习惯。它可以帮你迅速完成你该做但你不喜欢做的事，它能使你在面对不愉快的责任时，不致拖延，也能帮助你做你想做的事。抓住那些宝贵的、一旦失去便永远追不回的时机。

将以上四点清楚地写下——不可以单靠记忆，一定要白纸黑字地写下来。

每天两次，大声朗诵你写下的计划内容，一次在晚上就寝之前，另一次在早上起床之后。当你朗诵时，你必须感觉到和深信你已经拥有了成功。

希尔本人就在将目标变为现实这方面为我们作出了很好的榜样。

1908年，年轻的希尔在田纳西州一家杂志社工作，同时又在上大学。由于他在工作上的杰出表现，被杂志社派去访问伟大的钢铁制造家安德鲁·卡耐基。卡耐基十分欣赏这位积极向上、精力充沛、有闯劲、有毅力、理智与感情丰富的年轻人。他对希尔说："我向你挑战，我要你用20年的时间，专门美国人的成功哲学，然后得出一个答案。但除了写介绍信为你引荐这些人，我不会对你给予任何经济支持，你接受吗？"年轻的希尔相信自己的直觉，勇敢地承诺"接受！"数年后，希尔博士在他的一次演讲中说："试想，全国最富有的人要我为他工作20年而不给我一丁点薪酬。如果是你，你会对这项工作说'YES'抑或'NO'？如果'识时务者'，面对这样一个'荒谬'的建议，肯定会推辞的，可我没有这样干。"

在卡耐基对希尔提出的挑战中包括了明确的目的——研究美国人的成功哲学，以及达到目的的时限——20年。长谈之后，在卡耐基的引荐下，希尔访问了当时美国最富有的500多位杰出人物，对他们的成功之道进行了长期研究，终于在1928年，他完成并出版了专著《成功定律》一书。从1908年开始，到1928年如愿以偿，正好是20年。《成功定律》这本书震动了全世界，曾激励千千万万人成功。7年后，希尔做了罗斯福总统的顾问。与此同时，他又开始撰写《思考致富》，这本书于1937年出版。随后，他又将《成功定律》与《思考致富》加以总结，得出这领域著名的17个成功定律，明确目标正是这17个成功定律之一。而将目标变为现实的步骤是希尔亲身经历的。

将目标变为现实，一定要看到你的进步。因为在你实现你的目标时，肯定会经历一个过程，看清你的进步，对你是激励，也会增强你对完成下面的每一个目标的信心。

拿破仑·希尔还给我们举了一个真实的例子，说明一个人若看不到自己的进步就会有什么样的结果。

1952 年 7 月 4 日清晨，加利福尼亚海岸笼罩在浓雾中。在海岸以西 34 公里的卡塔林纳岛上，一个 34 岁的女人涉水到太平洋中，开始计划向加州海岸游去。要是成功了，她就是第一个游过这个海峡的女性，这名女性叫费罗伦丝·查德威克。在此之前她是从英法两边海岸游过英吉利海峡的第一个女性。

那天早晨，海水冻得她身体发麻。雾很大，她连护送她的船都几乎看不到。时间一个小时一个小时地过去了，成千上万的人在电视前看着。有几次，鲨鱼靠近了她，被人开枪吓跑，她仍然在游。在以往这类渡海游泳中她的最大问题不是疲劳，而是刺骨的水温。

15 个小时之后她又累又冻得发麻。她觉得自己不能再游了，就叫人拉她上船。她的母亲和教练在另一条船上。他们都告诉她海岸很近了，叫她不要放弃。但她朝加州海岸望去，除了浓雾什么也看不到。几十分钟之后——从她出发算起历时 15 个小时 55 分钟，人们把她拉上船。又过了几个小时，她渐渐觉得暖和多了，这时却开始受到了失败的打击，她不假思索地对记者说："说实在的，我不是为自己找借口，如果当时我看见陆地也许我能坚持下来。"她上船的地点，离加州海岸只有 0.8 公里！后来她说，令她半途而废的不是疲劳，也不是寒冷，而是因为她在浓雾中看不到目标。查德威克小姐一生中就只有这一次没有坚持到底。两个月之后她成功地游过同一个海峡。她不但是第一位游过卡塔林纳海峡的女性，而且比男子的纪录还快了大约两个小时。

查德威克虽然是个游泳好手，但也需要看见目标，才能鼓足干劲完成她有能力完成的任务。当你规划自己的目标时，千万别低估了设定可测性目标的重要性。

典型事例

将目标变现实也是一个典型的商业场景，我们来看一场精彩的"挖角战"。

威廉·蓝道夫·赫斯特是 20 世纪初世界上最优秀的"报业大王"。这是一位十分复杂、充满争议的人物。他曾经在美国名噪一时，却遭受过众人的责难。但无论如何，赫斯特那种大胆的作风，巨大的能量，惊人的天赋，以及他所创造发明的使报纸打开销路的一系列"怪招"，仍为后人所惊叹和模仿。于是，人们给他冠以一代"报业怪杰"的称号。直到如今，熟悉新闻历史的人们仍津津乐道当年初出茅庐的赫斯特，是如何用"釜底抽薪"之术给著名的报业巨子——普利策带来无限痛苦和烦恼的。1887年，24 岁的赫斯特正式开始了他的新闻生涯。这一年，他的父亲乔治终于如愿以偿，当上了加利福尼亚州的参议员。他把《旧金山考察家报》的大权交给了赫斯特。初涉报业，赫斯特就开始学习和模仿普利策的办报方式。在他看来，学习普利策不是为了成为他的追随者，而是为日后对他发动大胆的"进攻"做准备。他对报纸的版面设计进行了大胆的改革和创新，并聘请了众多新闻界的好手加盟，使《旧金山考察家报》办得有声有色。原本亏损的报纸在短短几年间在赫斯特的经营下平均每年盈利数十万美元。

但是，赫斯特并不因此满足，他的目标是向纽约进军，向普利策挑战。1891 年，赫斯特父亲乔治病逝。赫斯特继承了大量金矿和银矿股票。为了在报业上出人头地，他在母亲的支持下，卖掉部分股票，获得 75 万美元巨额现金。从此，赫斯特凭借强大的经济基础，运用他惊人的胆量和才能，开始了在报界纵横驰骋的一生。1895 年，赫斯特以 18 万美元收购了纽约的《晨报》，并将它改名为《纽约日报》，并调动《旧金山考察家报》所有精兵强将来到纽约，全力经营这份新报纸。赫斯特此举的目的在于向普利策极负盛名的《纽约世界报》发动挑战。最好的"进攻手段"，就是先从敌人内部下手。赫斯特挥舞起手中的"银弹"，一枚接一枚地直接掷向普利策的"营垒"中。《纽约世界报》的著名漫画家鲍尔斯、剧评家达尔等都相继被赫斯特的高薪挖走。而最猛烈和最疯狂的进攻是 1896 年 1 月那一次。这一年，《旧金山考察家报》故意租用当时作为《纽约世界报》大本营的世界大厦作为它的东岸办事处。当时，《纽约世界报》以内容丰富新颖吸引了众多读者，是纽约销量最多的报纸。由于写字楼的关系，《旧金山考察家报》与《纽约世界报》双方工作人员来往极为密切。

这天，一场由赫斯特导演的戏剧发生了——《旧金山考察家报》的工作人员在一夜之间，用高薪作"饵"，诱使《纽约世界报》全体要员倒戈。第二天，这批《纽约世界报》的精英们即摇身一变而成为《纽约日报》的人马。其中包括普利策的得意猛将，周刊编辑默利尔·高德。高德善以那种耸人听闻和假科学的纯刺激性报道来取悦读者。他还首创了彩色印刷的连环画，他聘请漫画家奥特格尔特来画《霍根小巷》连环漫画，其中的主人公，是贫民窟一个穿着黄色肥大衣服，总是一张笑脸的穷孩子。这个形象很快深入人心，被冠以"黄色幼童"的称号，十分轰动。

由于高德的功劳，使《世界星期报》一年内即打破销售"45 万份"的纪录。而给《纽约世界报》带来如此业绩的高德，竟将奥特格尔特连同那个轰动的"黄色幼童"一起带往《纽约日报》。

这对于《纽约世界报》来说是一个致命打击。普利策发现一夜之间人去楼空，面对赫斯特这种"疯狂抢夺"的行为和这位素来稳重的报业领袖大为恼火。起初，他只能用同样的高薪去劝回高德等人，但令人遗憾和愈加愤怒的是，他们只回来了一天，赫斯特又用更高的薪金把他们"挖"走了。这一次大规模的"进攻"几乎使《纽约世界报》全线瘫痪。普利策只好用同样的办法从《太阳报》挖来主编布拉斯本，让他组织《纽约世界报》的编辑工作。布拉斯本的到来使《纽约世界报》重振雄风，再一次超过了《纽约日报》。赫斯特并不罢休，他故伎重施，又以高薪"诱引"布拉斯本，提出由他来主编新创刊的《纽约晚报》，并许诺凡晚报销量每提高一千份，就给布拉斯加薪 1 美元。重赏之下，必有勇夫。布拉斯本禁不住利诱，弃主投"敌"。他全力以赴，将《纽约晚报》办得有声有色。最终，他的周薪高达上千美元，而原来他拿的最高薪酬也不过是每周 200 美元。普利策又遭受了一次沉重的打击。赫斯特精心策划的"巨薪挖角战"取得了很大的成功，《纽约日报》销量一度超越普利策的《纽约世界报》，成为当时的"报纸之王"。

　　虽然赫斯特的方法有点"不择手段"，但他成功地把他内心的目标变为了现实，成为了当时的"报纸之王"。

第 七 章

屏息以待，勇猛一击

享受孤独，珍爱生命

从狼性的忍耐中，我们要学会在孤独中享受。

在晨曦初照的黎明、夕阳西下的黄昏，或是万籁俱寂的黑夜，独自走进孤独，便深深地体会到孤独是一种美丽。只有在孤独中，一切才是真实的。笑容是对自己的，哭泣是对自己的，淡淡的惆怅是对自己的，甜甜的喜悦是对自己的。那时才能轻轻梳理如梦如烟的往事，让莫名的疲惫、无谓的忧伤在身后如潮水般徐徐退去，让往日飘忽不定的眼神清澈如水，让焦躁不安的面孔宁静似月。也只有在孤独中才能把自己融入自然，完美地领略春花的绚丽、夏风的浓烈、秋色的清幽、冬雪的晶莹，懂得珍爱生命，善待朋友。

一本书、一段音乐、一杯香茗都可以让人在狭小的空间享受一种无限宁静的幸福与满足。夜深人静时，一个人静静地待在房间，让一束橘黄的灯光充满一室的温柔，一卷在手，心如明镜，倚着孤灯吟读长思。可以放一首心仪的音乐，在小提琴优美的乐符中随梁祝化蝶而去；或在林忆莲"如果这个时候，窗外有风，就有了飞的理由"的阙歌中让心在黑暗的苍穹中自由飞翔。还可以推开窗户追逐如梦霓虹，让孤独的思绪肆无忌惮地蔓延，让孤独的心声凌空起舞。

寂寞并不可怕，可怕的是对一切都没有兴趣。对人生有热忱，生活才有光亮。

人人都应跟上时代的潮流，否则会落伍，会寂寞。但是在跟随时代脚步的同时，更要能经常保持一份置身事外的旁观者的冷静，才能知道真正的方向，而在适当的时候，对这时代真正有所贡献。

人生本来就注定要到处漂泊的。因为我们有两只脚，有一个会幻想的脑子。不要把"漂泊流浪"当作是一种可怜的字眼，它正是我们所有人类一生的写照，也是我们应该鼓起勇气去追寻的一种生活。

能在孤独寂寞中完成使命的人即是伟人。如果你领略过真正的孤独与寂寞，而且你曾经用自己的力量战胜孤独寂寞，还找出自己的路，有了自己的创造与成就，你就可以相信，孤独与寂寞并不如你所以为的那样可怕，因为它对你有激励的作用。

孤独并不可怕，可怕的是对什么都没有兴趣。能够对一件事物热衷，去钻研，而不愿把时间浪费在其他任何一件事情上的人，他不但不怕孤独，有时反而喜欢孤独。

中国人爱自由爱到极致，寂寞也成为一种令人向往的美。

假如人人都不肯主动地去找朋友，大家都会觉得孤独而寂寞。

能够在单独一个人的时候，不觉得孤单；在冷清的时候，不觉得寂寞；在空闲的时候，不会无所事事，所靠的是内心的丰富与充实。

人与人之间在有形的亲密之下，还是有着无形的距离的。而且这距离有时很远，但是，我们不必为这距离而觉得悲观，我们只是必须承认这是一些事实而已。一个人能承认事实，就会有力量去面对事实，能面对事实，就不会觉得寂寞是可怕的了。

爱静的人对宁静的要求，正是为了要找到自己，听听自己内心的声音，使自己不再寂寞。

因为我们总固执自己的成见，因为我们很少用同情和爱心去为别人着想，所以我们才容易陷于孤立和寂寞。

一个人没有朋友固然寂寞，但如果忙得没有机会面对自己，可能更加孤单。

每一个人的寂寞都是与生俱来的。除非你不去深思，除非你以表面上的热闹感到满足，否则你总难免会感觉到：即使是在热闹繁华之中，你仍是孤零零的一个。

一个人的寂寞，不是名誉地位或有形的幸福所可以消除的。往往我们感到的是灵魂上的寂寞，是有苦有乐无处申说的寂寞，是没有人能真正懂得我们内心苦乐的寂寞。

学会享受孤独，就会在沧海桑田的变迁中静观其变。与其让生命在无休止的纷争中窒息，何不置身孤独，漂洗心扉，净化灵魂。如果非要登上绝顶才能见到日出的辉煌，不如一个人静静地躺在山脚的溪边，看映在水中半残的虹；如果非要似夜莺的歌唱才能打动别人，不如孤雁一叫，划破天空的寂静。

世界上的每一个人都需要适当地享受孤独，太嘈杂的生活会让人疲惫不堪，太烦琐的事情会使人精神恍惚。

贝多芬一生孤独，正是如此成就了他伟大的事业。《命运交响曲》中的每个音符，无不奏出了他的心声，他是以另一种方式去扣响人们的心门，告诉人们他在孤独中找到了生命的意义。

伯牙在钟子期死后，享受着孤独，不然他早就另寻知音了。这样后人就无从领略伯牙古曲的美妙。

陆游晚年在山阴闲居二十年之久，存诗九千余首。虽然他怀着"但悲不见九州同"的憾恨结束了作为诗人的一生，但正因为他二十年的独处，才为中国留下了一笔丰富的文化遗产。

有些人曾对隐士很是轻视，认为隐居是种懦弱的表现，他们的文章不过是对自己无能的诡辩。后来渐渐体会到，原来他们是爱上了孤独，不然，怎会有"举世皆浊我独清"这享受孤独的千古佳句呢。

当自己真正静下来的时候才会知道孤独的时候人更冷静，也更自信，孤独的世界只有自己，那才是一个真正属于自己的世界。

孤独是一种宁静，孤独的星空有智慧的闪光。你的思想在升华，你的灵魂在洗涤。

拥有孤独是一种感受，善待孤独是一种境界。让我们在孤独中思考得失，咀嚼成败，展望未来！

你孤独吗？

大多数人都体验过孤独的痛苦。有关统计资料表明，孤独感已成为现代人的通病。心理学家估计随着社会变得越来越富有，这种对孤独感和人与人之间关系的关注将继续增长。

一、孤独感的界定和测量

孤独和孤立的含义是不同的。孤独是个体对自己社会交往数量的多少和质量好坏的感受。对孤独感的这种界定，帮助我们理解为什么有些人虽然远离人群，生活却感到非常快乐，而一些人尽管被人群所包围，而且经常与他人交往却经历着孤独。现在有许多人抱怨身边没有多少真正的朋友。对这些人来说，当与某些人进行坦诚地交往的需要不能满足时，将产生强烈的孤独感。从这个意义讲，孤独是一种个人体验。尽管每个人都会感到孤独，而且孤独感的来去随着环境的变化而变化，据此，认为孤独感是一种人格特征。有人设计了一些人格量表来测量人们对孤独感的感受。用这个量表对某大学进行测验表明，大学生在所有项目上的平均得分通常为 6 到 7 分，得分越高说明越孤独，而在友谊、家庭与异性关系和团体的 4 种关系中，友谊类得分最高，其次为团体的关系。由此可看出人际关系问题仍是当前人们心理健康的主要障碍。

二、产生孤独感的原因

有孤独感的人倾向于在社交时对他人和自己给予严厉的、苛刻的评价；许多有孤独感的人缺乏一些基本的社交技能，从而使他们无法与他人建立持久的关系。

（一）对他人和自我的消极评价

孤独的人可能更内向、焦虑，对拒绝反应更敏感，并且更容易抑郁。孤独的人在朋友身上花费更少的时间，不经常约会，也很少参加集会，没有什么亲密的朋友。在人际交往时，他们对自己和对方的评价极端消极。

（二）基本社交技能的缺乏

有的人乐意与别人交往，但一旦进行比较重要的而且时间较长的交谈就会出现困难，缺乏基本的社交技能。更没有机会去训练社交技能，所以，难以有持久的朋友。他们对自己的伙伴不太感兴趣，常常不能对于对方所说的加以评论，也较少向对方提供有关自己的信息，相反，这些孤独者更多是谈论自己并且常介绍新的与对方的兴趣无关的话题，倾向扮演一个"被动消极的社交角色"，也就是说，在交谈中不愿付出太多努力。所以，我们常常感到与孤独者交往很乏味，他们不知道这种交往方式是怎样赶跑了潜在的朋友。所以，当别人期望他们多表现时，他们却表现得很少，而当别人不期望他们过多表现时，他们却表现得太多。结果，在别人眼中他们是冷淡的或不可思议的，别人也据此作出相应的反应。

孤独者因为采用消极的交往方式，并缺乏必要的社交技能，而难以与他人建立亲密的友谊。与这些人交往常常让人感到不愉快，于是他们很难建立有助他们发展社交技能的人际关系。因而难以摆脱孤独。心理学家认为，通过基本社交技能的训练，可以使孤独者走出孤独的恶性循环，并已广泛应用于心理咨询与治疗的实践中。

怎样克服孤独感

人人都有独处的时候，为什么有的人会感到孤独，而有的人则不然呢？

孤独感乃是一种封闭心理的表现，是感到自身和外界隔绝或受到外界排斥所产生出来的孤伶苦闷的情感。当你不能按照自己的意愿计划行事；耽于梦想，而又不可能实现；和亲人分离或经历亲人死亡的打击；内心有难言的羞耻；被排斥于你想加入的团体之外；被他人嘲笑或轻视；处处和他人意见不合而不能融洽自然地相处；不敢向他人吐露心事，因为害怕会被人嘲笑，泄露自己的秘密，受人冷淡而得不到同情；被父母限制了自己的活动和交往；新的环境改变了你的生活；铸成一生中的大错而悔恨不已或自惭形秽？对别人做的一切都不感兴趣或不想去做；无聊空虚，不知该做什么；怯于和他人交往或交谈；觉得"没人理解我"时，孤独感就会悄然而至。

每个人在一生中都会或多或少地体验到孤独感。有孤独感并不可怕。但是这种心理得不到恰当的疏导或解脱而发展成习惯，就会变得性情孤僻古怪，严重的甚至有可能会形成孤独症，这就需要心理医生的治疗了。

以下是克服孤独感的一些方法，只要持之以恒，一定会收到意想不到的效果。

认识到除自己外，还会有其他人有孤独感，每天应至少拿一点时间试着去接触他人。要培养自己对他人生活或事件的兴趣，可以先从某一个人开始，这样就可以使交流更容易些，逐渐消除自己的封闭习惯。帮助他人为他人做事会使你感到自己被人需要，这样会减轻你的孤独感。邀请别人和自己一起做事，譬如说一起活动，就会使你找到自己所需要的同伴。

信任别人，你就会发现你交上了一个知心朋友。如果发现这种信任是可靠的，你就会感到非常快乐。努力参加集体活动，成为集体中的一员和他人一起分享快乐，一起分担责任和痛苦，这对有些人来说是不容易做到的。但是你一旦鼓足勇气去参加一个活动，你就会找到使你感兴趣的东西，还会发现一些你所喜欢的人，友谊也就随之而来。总之，克服孤独感很重要的一条，就是必须尽力改变自己原来的环境。

一个人的时候，给自己安排一些感兴趣的事情，读读书，听听音乐，从事自己的业余爱好等，每个人都会有孤单的时候，在属于自己的时间里满足自己的兴趣爱好，乃是人生的一种乐趣。

孤独的时候泡一杯清茶，独自品尝人生的味道；孤独的时候种一束鲜花，独自收获生活的多彩；孤独的时候睡一个好觉，独自享受梦境的迷幻。孤独的时候，享受孤独，那么，在不孤独的时候才会更好地享受生命的馈赠！

狼 道 · 成 功 之 法

忍耐会有神奇的功效

狼的这种耐性精神就是这种"咬定青山不放松"的恒定。

意志的忍耐有神奇的功效。在别人都已停止前进时，你仍然坚持着；在别人都已失望放弃时，你仍然进行着，这是需要相当的勇气的。使你得到比别人较高的位置、更多工资，使你超乎寻常的，正是这种坚持、忍耐的能力，不以喜怒好恶改变行动的能力。

忍耐的精神与态度，是许多商人得到成功的关键。

营销产品时，不管对方怎样傲慢无礼，不要愤怒而返，这种商人才能得到胜利。一次营销不成，两次、三次、四次，最后，对方不但要钦佩他的勇气与决心，并会感到他的忍耐与诚恳的精神而成全他，照顾他的生意。

在商界中，能做最多的生意，有最多的主顾，营销最多的商品的，就是那种不灰心、能忍耐，不在回答中说出"不"字来的人，那种有忍耐的精神、谦和的礼貌，足以使别人感到难以拒绝。一受刺激就不能忍耐的人，不会有大成就。

人的天性，对于各商家的营销人员总是有些不欢迎，想尽快打发他走。但当他们遇到了一个有忍耐精神、谦和态度的人，事情就变得不同了。他们知道，有忍耐精神的营销员是不容易打发走的；他们往往因钦佩那个营销员的忍耐精神，承购了那个营销员的商品。

有谦和、愉快、礼貌、诚恳的态度，而同时又加上有忍耐精神的人，是非常幸运的。

做我们所高兴的事，做我们所喜欢的而感到热忱的事，这是很容易的。但是要全神贯注地去做那种不快的、讨厌的、为我们的内心所反对的，而同时又因为别人的缘故不得不去做的事，却是需要勇气，需要耐性的。

定下了一个固定的目标，然后集中全部的精力去实现那个目标。这种能力，最能获得他人的钦佩与尊敬。你赢得了有毅力、有决心、有忍耐的名誉，世界上就不怕没有你的职位，但是，假使你显出一些意志不坚定与不能忍耐的态度，他们要瞧不起你，认为你会失败。

在此，跟各位举个例子，不知道你是否听过桑德斯上校的故事？

他是"肯德基炸鸡"连锁店的创办人，你知道他是如何创造这么成功的事业的吗？

因为生在富豪家、念过像哈佛这样著名的高等学府抑或是在很年轻时便投身于这门事业上？你认为是哪一个呢？都不是，事实上桑德斯上校六十五岁时才开始从事炸鸡事业，那么又是什么原因使他终于拿出行动来呢？

因为他身无分文且孑然一身，当他拿到生平第一张救济金支票时，金额只有一百零五美元，内心实在是极度沮丧。他不怪这个社会，也未写信去骂国会，仅是心平气和地自问这句话："到底我对人们能作出何种贡献呢？我有什么可以回馈的呢？"

随之，他便思量起自己的所有，试图找出可为之处。头一个浮上他心头的答案是："很好，我拥有一份人人都会喜欢的炸鸡秘方，不知道餐馆要不要？我这么做是否划算？"

随即他又想到："要是我不仅卖这份炸鸡秘方，同时还教他们怎样才能炸得好，这会怎么样呢？如果餐馆的生意因此而提升的话，那又该如何呢？如果上门的顾客增加，且指名要点用炸鸡，或许餐馆会让我从其中抽成也说不定。"

好点子固然人人都会有，但桑德斯上校就跟大多数人不一样，他不但会想，而且还知道怎样付诸行动。随之他便开始挨家挨户的敲门，把想法告诉每家餐馆："我有一份上好的炸鸡秘方，如果你能采用，相信生意一定能够提升，而我希望能从增加的营业额里抽成。"

很多人都当面嘲笑他："得了罢，老家伙，若是有这么好的秘方，你干吗还穿着这么可笑的白色服装？"这些话是否让桑德斯上校打退堂鼓呢？丝毫没有，因为他还拥有成功秘方，我称其为"能力法则"（Personal Power），意思是指"不懈地拿出行动"：每当你在做任何事时，必从其中好好学习，找出下次能做得更好的方法。桑德斯上校确实奉行了这条法则，从不为前一家餐馆的拒绝而懊恼，反倒用心修正说辞，以更有效的方法去说服下一家餐馆。

桑德斯上校的点子最终被接受，你可知先前被拒绝了多少次吗？整整一千零九次，第一千零十次时他才听到了第一声"同意"。

在过去两年时间里，他驾着自己那辆又旧又破的老爷车，足迹遍布美国每一个角落。困了就和衣睡在后座，醒来逢人便诉说他那些点子。他为人示范所炸的鸡肉，经常作为果腹的餐点，往往匆匆便解决了一顿。

在历经一千零九次的拒绝，整整两年的时间，有多少人还能够锲而不舍地继续下去呢？真是少之又少了，也无怪乎世上只有一位桑德斯上校。我相信很难有几个人能受得了二十次的拒绝，更遑论一百次或一千次的拒绝，然而这也就是成功的可贵之处。

如果你好好审视历史上那些成大功、立大业的人物，就会发现他们都有一个共同的特点：不轻易为"拒绝"所打败而退却，不达成他们的理想、目标、心愿就绝不罢休。

华特·迪士尼为了实现建立"地球最欢乐之地"的美梦，四处向银行融资，可是被拒绝了302次之多，每家银行都认为他的想法怪异。

其实并不然，他有远见，尤其是有决心。今天，每年有上百万游客享受到前所未有的"迪士尼欢乐"，这全都出于一个人的决心。

没有忍耐精神，就不能成就大的事业。懦弱、意志不坚定、不能忍耐的人，不能得到他人的信任与钦佩。只有积极的、意志坚强的人，才能得到别人的信任；而要是没有别人的信任，则事业的成功是很难期待的。

世界上不怕没有意志坚定的人的位置。人人都相信百折不回、能坚持、能忍耐的人。意志的忍耐性能生出信用来。假使你能够不管情形如何，总坚持着你的意志，总能忍耐着，则你已经具备了"成功"的要素了。

所以，从某种角度来说，忍耐不失为一种技巧，一种营销策略。

成功在于再坚持

从求职的屡败屡战，到意外事故造成残疾，从神奇康复到再战职场，经历了同龄女孩难以承受的磨难之后的曹某，终于从第一份只有400元月薪的工作，拼搏到了年薪可观的跨国公司中国区市场总监的职位。

1994 年，求职远比现在容易，但作为上海第一所民办大学的第一批毕业生，曹某还是遭到了空前的冷遇。"你是什么学校的？""杉达大学？读两年算什么大学？"这是她在一次次招聘会上面对的"惯常待遇"。被拒绝得多了，她甚至央求用人单位："我不要工资，你们就让我先做一阵，看我有没有能力。"

总算，一家民营企业向她打开了职业生涯的大门——月薪400 元的"跑街小姐"。第一天上班，上司就下达任务：3 天内把几百种商品及其价格、底线价和性能背到滚瓜烂熟。曹某咬牙顶住了压力，一个星期就熟悉了业务，一个月后业绩已超过老业务员，三个月后，她被聘为市场经理助理，月薪翻了一番。

就在她享受工作所带来的成就感并将再次被提升的前夕，意外突然降临。因不慎落进路面开挖留下的深坑，她的右脑遭受严重创伤，开颅手术后整整昏迷了 6 天 6 夜。生命侥幸留下了，但容貌不再。右脑凹陷进巴掌大的一块，神经损坏让她双眼斜视，左手不能上举，左腿不能行走，被鉴定为残疾。当从那面被父母藏了两个月的镜子里看到"一个光着头、瘪着脑袋、斜着眼的丑八怪"时，经历过那么多次求职失败都从来没掉过泪的曹某哭了："谁还会要一个残疾人？谁还会用一个丑八怪？"妈妈将她搂在怀里："孩子，坚持住，还有机会！"

就冲母亲这句话，原本遵医嘱要静卧一年半的曹某两个月后就下床，开始了严酷的肢体康复训练。这个曾经被宣判将终身成为植物人的女孩，半年后，眼睛和左边肌体奇迹般地基本恢复正常。

她兴致勃勃地准备回公司上班，却发现自己早在事故发生不久就被解雇了。她转而报考公务员，一个月发疯似的复习，却差了 1 分。好在，生死之关的考验已把曹某的神经锻炼得更加坚强，戴上假发，她又一次站在了求职的起跑线上，只是这一次，难度更高。为了避免用人单位的怜悯，她隐瞒了自己所遭受的意外和病痛，任由履历留下一段没有解释的"职业空白"。

碰壁再碰壁后，机会终于出现了。这一次，还是少有女孩问津的销售工作，月薪 500 元。信用风险控制服务，对曹某而言是一片全新的领域，她边学边做，补上了外贸、营销、财务、法律、心理学等多种知识和英语、电脑技能，销售额也节节攀升。1998 年底，因业绩显赫（单月个人接单金额几十万美金），她被提升为美方驻中国首席代表。2001 年她又被另一家跨国集团聘为中国区市场总监并任职至今。

再坚持一下

约翰经营了一家公司，他是一位七十多岁的老人，可他不愿待在家里过悠闲的生活，他每天都要到公司去转转。他有个很古怪的习惯，就是喜欢趴在门缝边看他的员工都在干些什么，或者干脆不敲门就直接闯进去，弄得员工们都很尴尬，可老约翰却哈哈大笑起来。他对公司里的员工很是和善。哪位员工没把事做好，他总是走过去说：伙计，别灰心，再坚持一下准能成功。然后在这个员工的肩上拍一拍。就这样大把大把的钞票就流到了老约翰的口袋里。

有一天，他公司新产品研发部的杰克走进了他的房间。米黄色的地板一尘不染，室内的景致错落有致。老约翰坐在办公桌前，脑门被射进来的阳光照的油光发亮，他的孙子靠在一旁的安乐椅上，摆弄着一张画报。杰克心想，这个老头有什么本事，拥有这么多的财富。我什么时候能有这么大的房子该多好啊！这次他来是为新产品研发的事，他说："董事长，很抱歉，新产品研制实验失败了。"老约翰不慌不忙地说:"来来来,有什么事坐下再说。"他指了指一旁的椅子,"有什么困难,坚持一下,或许就会成功的。"杰克沮丧地说:"都一百多次了,我看就算了吧。"约翰爽朗一笑:"小伙子,我让你任主管就相信你一定能行的。别灰心啊!"杰克觉得自己实在无计可施了,只得说:"你再换个人吧,我实在是没办法啊。我已尽力了。"老约翰朝椅背上靠了靠:"还是让我给你讲个故事吧。我二十七岁那年,还一事无成。我就不断地对自己说:我一定能成功的。就这样三年过去了,我终于研制成功了一种新型的节能灯。但是,你知道,下一步就是最重要的一步,需要资金来把它推向市场。可我那时还一事无成,哪有资金?不过我终于说服了一个银行家为我的灯投资。下一步好像就可以等着回收大把大把的钞票了,可是不是这么回事。很显然,这种灯一旦投放市场,其他的灯类销售就会受到影响。别的灯具公司就开始百般阻挠。不幸的是我又得了病,医生要我住院治疗。这就给了他们可乘之机。我躺在床上毫无应对之策。这时其他灯具公司又在报纸上说我得了不治之症,很可能活不久了。投资节能灯纯粹是为了骗银行家的钱。更糟糕的是,这位银行家相信了报上的消息,撤消了投资,这对我简直是巨大的打击。在我一再坚持下,医生同意陪我去见银行家。我在他面前必须坚强:先生,你相信报上的消息?我摆了个潇洒的姿势。他看到我的精神这么好有点动摇了。你知道下面的事就好办多了,最终我又说服了他。可当他刚走出去,我就一下子瘫倒在地,医生马上把我送到了医院。就这样才有了今天的一切,你还要放弃吗?"

谁没有热情?谁能有不懈的热情?当你将长久的热情投入到你的工作中的时候——你就成功了。爱迪生十年的热情凝结成蓄电池的能量，嘲讽浇不灭拜伦的热情，铸炼出一首首不朽的诗篇。这是源于热情的坚持，一种强烈而真挚的追求，它引导无悔的追随者走向成功。

如果说上面一种是出于最热切的爱，那么，越王勾践的卧薪尝胆，司马迁发忍辱著《史记》便是出于最坚忍不拔的反抗了。他们的坚持是被压迫意志的燃烧，是一场无声的激战。他们紧握着"坚持"这个最有力的武器，于是，他们胜利了。勾践击败了仇敌，司马迁赢得了历史。他们的高峰是忍耐和坚持不懈堆积的成果。

坚持，还是一种最神奇的法力。它不是让水滴石穿、绳锯木断了吗？它不是使弩马变得和骐骥一样能干了吗？坚持使弱者坚强，引导着愚人走向智慧的殿堂。

人生的真正乐趣在哪里？是存在于功成名就的那一瞬间吗？不是。人生的真正的乐趣，存在于为事业、为正义坚持不懈的奋斗过程中。人生最大的遗憾是什么？是失败吗？不是。人生最大的遗憾是终其一生而没有不屈不挠地奋斗过。一个人、一件事的成败得失，其实算不了什么。功利主义者认为成败得失乃生命中首要之处，那就让他们抱着他们的信条执迷不悟吧。人生最强的意志力在于：绝不轻言放弃。如果你从未被艰难困苦吓倒，那么当你走尽人生道路的那一刻，你才可以说，你问心无愧。

坚守信念，积蓄足够的力量

狼性的忍耐就是一种对人生的等待。

什么是等待呢？不任意妄为，不急不可待，不饥不择食，不铤而走险，不降格以求，不随风摇摆，不机会主义，不低级趣味，不蝇营狗苟，不出卖原则，不出卖灵魂。等待的后面是一种尊严，一种信念，一种节操，一种原则。等待的同时是学习，是发展，是充实。

在人的一生中，有许多时光都是在等待中度过。虽然，等待的结果是未卜之事，但在等待的过程中，我们可以充实自己，积蓄足够的力量。

许多天赋很高的人，终生处在平庸的职位上，导致这一现状的原因是不思进取。而不思进取的突出表现是不读书、不学习。宁可把业余时间消磨在娱乐场所或闲聊中，也不愿意看书。也许，他们对目前所掌握的职业技能感到满意了，意识不到新知识对自身发展的价值；也许，他们下班后很疲倦，没有毅力进行艰苦地自我培训。

等的无奈，在于等的人对于所等的事完全不能支配，对于其他的事又完全没有心思，因而被迫处于无所事事的状态。存有期待使人兴奋，无所事事又使人无聊，等待便是混合了兴奋和无聊的境界。随着等的时间延长，兴奋转成疲劳，无聊的心境就会占据主导地位。

人之愁，除离愁、乡愁外，更多的是百无聊赖的闲愁。由于交通中断，不期被耽搁在旅途某个荒村野店，通车无期，举目无亲，此情此景中的烦闷真是难以形容。

在成功之前，一个人要积蓄足够的力量。在这方面，托马斯·金曾受到加利福尼亚的一棵参天大树的启发："在它的身体里蕴藏着积蓄力量的精神，这使我久久不能平静。崇山峻岭赐予它丰富的养料，山丘为它提供了肥沃的土壤，云朵给它带来充足的雨水，而无数次的四季轮回在它巨大的根系周围积累了丰富的养分，所有这些都为它的成长提供了能量。"

在商业领域更如此。那些学识渊博、经验丰富的人，比那些庸庸碌碌、不学无术的人，成功的机会更大。

一个刚跨入社会的年轻人随着自己地位的逐步升迁，一定有很多学习的机会，假如他能抓住这些机会，成功就是早晚的事。

一个初出茅庐的青年，要随时随地注意本行业的门道，而且一定要研究得十分透彻。在这一方面，千万不能疏忽大意、不求甚解。有些事情看来微不足道，但也要仔细观察，有些事情虽然有困难险阻，但也要努力去探究清楚。如能做到这一点，他就能清除事业发展道路中的一切障碍。

无论目前职位多么低微，汲取新的、有价值的知识，将对你的事业大有裨益。我知道一些公司的小职员，尽管薪水微薄，却愿意利用晚上和周末的时间到补习学校去听课，或者买书自学。他们明白知识储备越多，发展潜力就越大。

有这样一个年轻人，他在外面的时间比在家时间还要多得多，但无论到什么地方，他总是随身携带着书籍、随时阅读。一般人轻易浪费的零碎时间，他都用来学习。结果，他对于历史、文学和科学，都有相当见地。他为自己的前途而努力，相信他的付出会有回报。

狼道 · 成功之法

从一个年轻人怎样利用零碎时间就可以预见他的前途。自强不息、随时求进步的精神，是一个人卓越超群的标志，更是一个人成功的征兆。

在人生的道路上，我们难免会走到某几扇陌生的门前等候开启，那心情接近于等在妇产科手术室门前的丈夫们的心情。不过，我们一生中最经常等候的地方不是门前，而是窗前。那是一些非常狭窄的小窗口，有形的或无形的，分布于商店、银行、车站、医院、机关等与生计有关的场所，我们不得不耐着性子，排着队，缓慢挪动，然后侧转头颅，以便能够把我们的视线、手和手中的钞票或申请递进那个洞里，又摸索着取出我们所需的票据文件等。这类小窗口常常无缘无故关闭，好在我们的忍耐力磨炼得非常发达，已经习惯于默默地无止境地等待了。

假如你在一个孤岛上，过着极其单调的生活，写信便是你与世界取得联系的唯一通途，那么等信又会是怎样一种心境呢？你会不会仿佛就是为了拿到信的那一刻激动而活着呢？也许这种等待常常落空，但是等待本身就为一天的生活提供了色彩和意义。

事实上，我们一生都在等待，生活就是在这等待中展开着并且获得了理由。等的滋味不免无聊，然而，一无所等的生活更加无聊。你可以没有爱情，但如果没有对爱情的憧憬，哪里还有青春？你可以没有认知，但如果没有对认知的期待，哪里还有创造？你可以没有所等待的一切，但如果没有等待，哪里还有人生？若把人生比作一次旅行，我们便会发现，途中耽搁实在是人生的寻常遭遇。我们向理想生活进发，因为种种必然的限制和偶然的变故，或早或迟在途中某一个点上停了下来。我们相信这是暂时的，总在等着重新上路，希望有一天能过自己真正想过的生活。

· 164 ·

全国著名的推销大师，即将告别他的推销生涯，应行业协会和社会各界的邀请，他将在该城市中最大的体育馆，做告别职业生涯的演说。

那天，会场座无虚席，人们在热切地焦急地等待着那位当代最伟大的推销员做精彩的演讲。当大幕徐徐拉开，舞台的正中央吊着一个巨大的铁球。为了这个铁球，台上搭起了高大的铁架。

一位老者在人们热烈的掌声中，走了出来，站在铁架的一边。他穿着一件红色的运动服，脚下是一双白色胶鞋。

人们惊奇地望着他，不知道他会有什么举动。

这时两位工作人员，抬着一个大铁锤，放在老者的面前。主持人这时对观众讲：请两位身体强壮的人，到台上来。好多年轻人站起来，转眼间已有两名动作快的跑到台上。

老人这时开口和他们讲规则，请他们用这个大铁锤，去敲打那个吊着的铁球，直到把它荡起来。

一个年轻人抢着拿起铁锤，拉开架势，抡起大锤，全力向那吊着的铁球砸去，一声震耳的响声，那吊球动也没动。他就用大铁锤接二连三地砸向吊球，很快他就气喘吁吁。

另一个人也不示弱，接过大铁锤把吊球打得叮当响，可是铁球仍旧一动不动。

台下逐渐没了呐喊声，观众好像认定那是没用的，就等着老人作出什么解释。

会场恢复了平静，老人从上衣口袋里掏出一个小锤，然后认真地，面对着那个巨大的铁球。他用小锤对着铁球敲了一下，然后停顿一下，再一次用小锤敲了一下。人们奇怪地看着，老人还是那样敲一下，然后停顿一下，就这样持续地做。

十分钟过去了，二十分钟过去了，会场早已开始骚动，有的人干脆叫骂起来，人们用各种声音和动作发泄着他们的不满。老人仍然用小锤不停地敲着，他好像根本没有听见人们在喊叫什么。人们开始愤然离去，会场上出现了大块大块的空缺。留下来的人们好像也喊累了，会场渐渐地安静下来。

大概在老人进行到四十分钟的时候，坐在前面的一个妇女突然尖叫一声："球动了!"霎时间会场立即鸦雀无声，人们聚精会神地看着那个铁球。那球以很小的摆度动了起来，不仔细看很难察觉。老人仍旧一小锤一小锤地敲着，人们好像都听到了那小锤敲打吊球的声响。吊球在老人一锤一锤地敲打中越荡越高，它拉动着那个铁架子"哐哐"作响，它的巨大威力强烈地震撼着在场的每一个人。终于场上爆发出一阵阵热烈的掌声，在掌声中，老人转过身来，慢慢地把那把小锤揣进兜里。

老人开口讲话了，他只说了一句话：在成功的道路上，你没有耐心去等待成功的到来，那么，你只好用一生的耐心去面对失败。

所以，学会等待，不可心浮气躁。俗话说：饭要一口一口地吃，路要一步一步地走。

诸葛亮草船借箭的故事我们都很熟悉。

我们知道，要借到箭，需要许多方面的条件，比如要有船，要有装在船上的稻草人，要有驾船、擂鼓、诱使曹军射箭攻击的兵士。这些对东吴方面都不在话下，即使暂时没有，也可以立刻准备，这都是人力可以办到的。

但是即使如此，诸葛亮在当孙权与周瑜的面立军令状时，还是要了三天的期限。为什么呢？那是因为要"借"箭，还需要一个江雾弥漫的天气条件，这既是一个事关成败的关键条件，又是一个人力所无法创造的条件。诸葛亮知道只有第三天江上才可能起雾，他唯一能做的也只有两个字——等待。

所以，行事进取，还要学会等待。该等则等，许多时候，冷静地等待正是最明智的选择。

等待绝不是无可奈何、被动地放弃。在等待静观中审时度势，寻找战机，本身就包含着主动进取的因素。

很多创业者，尤其是靠技术起步的创业者，往往对何时进行融资举棋不定。马上就融吧，担心自己的权益被融资方侵夺；不融吧，资金量又实在太小，想快一步发展都很难。技术转化为产业是个很有意思的现象，并不是所有的技术都适合市场，所以，如果能自己先摸爬滚打一段时间，既逐渐积累些经验，又确认自己的定位，同时也能给投资者相当的信心。这时候去融资，往往能够左右逢源。因为所有的投资商都讲究"先投人再投项目"，只有你这个人经受住了市场无情的考验，你才会得到人们的青睐。所以，等待是必要的。

但等待并不等于一味死等，在等待中你有大量的事情要做，其中最重要的是要训练一种判断能力，知道善于捕捉时机，知道什么时候该做什么事。

最近，在报纸上读到一则故事：

一位女作家到美国去访问，在纽约街头遇到一位卖花的老太太，穿着相当破旧，看上去身体很虚弱，但脸上却露出了祥和和高兴的神情。女作家挑了一束花后说："看起来，你很高兴。"老太太说："为什么不呢？一切都这么美好。"女作家随口又说了一句："对烦恼，你倒真能看得开。"老太太的回答却令女作家大吃一惊。老太太说："耶稣在星期五被钉在十字架上时，是世界最糟糕的一天，可三天后就是复活节。所以，当我遇到不幸时，就会等待三天，一切就恢复正常了。"

"等待三天"，多么平凡而又充满哲理的生活方式，它把烦恼和痛苦抛到一边，心里只有一个念头：全力去收获快乐。

人要学会"等待三天"的生活方式。在现实生活中，有人就不能"等待三天"，而留下了终身遗憾。

在生活中，需要"等待三天"的事很多，要学会"等待三天"。严冬过去是春天，"山重水复疑无路，柳暗花明又一村。"

等待，必须有坚强的意志力，要对心中的等待有信心、有耐心，还要有恒心。一个人如果下决心要成为什么样的人，或者下决心要做成什么样的事，那么，拥有像狼一样的耐力和驱动力会使他心想事成，如愿以偿。

意志力是一个人性格特征中的核心力量。

柏克斯顿曾经是一个头脑简单四肢发达的顽童，他的与众不同之处就在于他坚强的意志力，这种意志力在他幼年曾表现为喜欢暴力、飞扬跋扈和固执己见。他自幼丧父，所幸的是他母亲很有见识。她敦促他磨炼自己的意志，在强迫他服从的同时，对一些可以让他自己去做的事，她总是鼓励他自拿主意自作主张。他母亲坚信如果加以正确引导，形成一个有价值的目标的坚强意志，对一个人来说是最难能可贵的品质。当有人向她谈及儿子的任性时，她总是淡然地说："没关系的，他现在是固执任性，你会看到最终会对他有好处的。"当柏克斯顿处于形成正义还是邪恶的人生目标这一个人生历程的紧要关头，他幸运地与一个家庭以良好的社会品行著称的姑娘结了婚。

他意志的力量，在他小时候使他成为一个难以管束的顽童，但现在却使他从事什么工作都不知疲倦并且精力充沛。当时身为酿酒工的他不无得意地说："我可以先酿一个小时的酒，再去做数学题，再去练习射击，而且每件事都能聚精会神地去做。"

当他成为一个酿酒公司的经理后，事无巨细他都过问，使公司的生意空前兴隆。即便是在工作非常繁忙的情况下，他仍然每天晚上坚持勤奋自学，研究和消化孟德斯鸠等人关于法律的评论。他读书的原则是："看一本书决不半途而废"，"对一本书不能融会贯通熟练运用，就不能说已经读完"，"研究任何问题都要全身心地投入。"

后来，柏克斯顿幸运地跻身于英国议会。在他刚刚步入社会时，他目睹奴隶贸易和奴隶制度的种种黑暗，便下定决心把解决奴隶的问题作为自己最大的人生目标，在他进入英国议会后，他更是把在英国的本土及殖民地上彻底实现奴隶的解放作为自己的奋斗目标，并矢志不渝地努力、奋斗。废除英国本土及其殖民地上的奴隶贸易及奴隶制度，既要与传统势力斗争，又要与维护自身利益的贵族斗争，这项推动历史进程的工作，其艰难可想而知，但柏克斯顿做到了。

事实上，在每一种追求的过程中，作为成功的保证，与其说是才能，不如说是不屈不挠的意志。因此，意志力可以定义为一个人性格特征中的核心力量，或者说，意志力就是人本身。意志是人的行动的动力之源。真正的希望是以它为基础，而且，它就是使现实生活绚丽多彩的希望。

在匆匆忙忙、风风雨雨的人生之旅，你难免会遇到失意碰壁后的茫然与困惑，当你面对周围不太尽如人意的环境时或者正视到内心的疼痛和苍白，你要冷静下来，暂时放慢你的脚步，因为你需要等待。等待不是无原则的停止，等待是另一种进步，等待也不是原地踏步而是在进取中思索。如果说进取是一帘飞泻的瀑布，那么等待则是一潭深邃的湖泊。

学会等待并不是一件容易的事情。急功近利者不会等待，往往慌不择路，落得一败涂地，狭隘自私者，不善等待，常常锱铢必较，睚眦必报而失去了许多机遇。等待需要有冷静的头脑，坚定的目标，宽广的胸怀。

第八章

将生命的能量发挥至极致

拥有进取心，向目标不断努力

狼在奔跑时，狂傲的长啸声回荡在旷野上，倾泻着它的野性与傲慢，狼野精神就是永争第一的心态。

在人的身上，这种神秘的力量就是进取心。使我们向目标不断努力。它不允许我们懈怠，它让我们永不满足，每当我们达到一个高度，它就召唤我们向更高的境界努力。

如果你想成为一个具备进取心的人，你必须克服拖延的习惯，把它从你的个性中除掉。这种把你应该在上星期、去年甚至几年前就要做的事情拖到明天去做的习惯，正在侵蚀你意志中的重要部分。除非你根除了这个坏习惯，否则你将很难取得任何成就。

拿破仑·希尔曾经聘用了一位年轻的小姐当助手，替他拆阅、分类及回复他的大部分私人信件。当时她的工作是听拿破仑·希尔口述记录信的内容。她的薪水和其他从事相类似工作的人大约相同。有一天，拿破仑·希尔口述了下面这句格言，并要求她用打字机把它打下来："记住：你唯一的限制就是你自己脑海中所设立的那个限制。"

当她把打好的纸张交还给拿破仑·希尔时她说："你的格言使我获得了一个想法，对你、我都很有价值。"

这件事并未在拿破仑·希尔脑中留下特别深刻的印象，但从那天起，拿破仑·希尔可以看得出来，这件事在她脑中留下了极为深刻的印象。她开始在用完晚餐后回到办公室来，并且从事不是她分内而且也没有报酬的工作。她开始把写好的回信送到拿破仑·希尔的办公桌来。

她已经研究过拿破仑·希尔的风格，因此，这些信回复得跟拿破仑·希尔自己所能写的一样好，有时甚至更好。她一直保持着这个习惯直到拿破仑·希尔的私人秘书辞职为止。当拿破仑·希尔开始找人来补这位男秘书的空缺时，他很自然地想到这位小姐。但在拿破仑·希尔还未正式给她这项职位之前，她已经主动地接收了这项职位。由于她在下班之后，以及没有领加班费的情况下，对自己加以训练，终于使自己有资格出任拿破仑·希尔属下人员中最好的一个职位。

不仅如此，这位年轻小姐办事效率太高了，因此引起其他人的注意，开始提供很好的职位请她担任。拿破仑·希尔已经多次提高她的薪水，她的薪水现在已是她当初来拿破仑·希尔这儿当普通速记员薪水的四倍。对这件事拿破仑·希尔实在是束手无策，因为她使自己变得对拿破仑·希尔极有价值，因此，拿破仑·希尔不能失去她这样一个帮手。

这就是进取心。另外值得注意的是，这位年轻的小姐的进取心，除了使她的薪水大为增加外，还为她带来一个莫大的好处。在她身上，已经发展出来一种愉快的精神，为她带来其他速记员永远无法领会的幸福感。她的工作已经不是工作了——而是一个极为有趣的游戏，由她自己去玩。甚至比一般的速记员提早来到办公室，而且在别人下班之后，她还留在办公室内，但是，比较起来，感觉上，她的工作时间反而比其他工作人员为短。对于喜欢分内工作的人来说辛勤工作的时间并不难熬。

不管你目前是从事哪一种工作，每天你一定要使自己获得一个机会，使你能在平常的工作范围之外从事一些对他人有价值的服务。在你自动提供这些服务时，你当然明白，你这样做的目的并不是为了获得金钱上的报酬。你之所以提供这种服务，因为它是你练习、发展及培养更强烈的进取心的一种方式。你必须先拥有这种精神，然后才能在你所选择的终身事业中，成为一名杰出的人物。

"你以为我做了司机便满足了吗？我的心愿是做铁路公司的总经理。"但是说句话的青年在当时还没有做到司机，他在铁路上帮忙做了两件事之后，还只是在一辆三等火车上做一个加煤炭的工人，月薪 40 元。他说上面的那句话，是因为一个铁路上的老手激起他说的。那个老手对他说："你现在做了添加煤炭的工人，就以为自己是发财了吗？但是我老实告诉你吧，你现在这个位置要再做四五年然后才会升为大约月薪 100 元的司机；如果你幸运地不被开除的话，就可以一生安然地做司机。"

听这个话的青年便是佛冯兰。他听说自己可以得到一个安稳的工作并不乐观。他所说的话，后来真的做到了；他一步一步地努力，后来做到大都会电车公司的总经理，因为他不满于一种安全稳定的工作。

志愿是由不满而来。由这开始，便有一种梦想，接着是勇敢地努力，把现状和梦想中间的鸿沟联络起来。伟大的人物并不是空洞的梦想者。他们将来的志向是根植于确切的事实的。他们是凭借着有目标的梦想使他们产生不满，从而激励他们加劲地奋斗以求成功。

爱迪生、斯旺以及许多科学家在同一时期研究电灯。当时电灯的原理已经很清楚了——要把一根通电后发光的材料放在真空的玻璃泡里，人们在解决一些具体问题——如何让它更轻便、成本更低廉、照明时间更长。其中最主要的问题，也是竞争的焦点，在于灯丝的寿命。

爱迪生全力以赴地投入了这项研究，有位记者对他说："如果你真的让电灯取代了煤气灯，那可要发大财了。"爱迪生说："我的目的倒不在于赚钱，我只想跟别人争个先后，我已经让他们抢先开始研究了，现在我必须追上他们，我相信会的。"

在当时的社会上，爱迪生已经赫赫有名，他仅仅宣布可以把电流分散到千家万户，就导致煤气股票暴跌12%。他本人是冷静的，在设想成为现实之前，他要像小时候在火车上做实验一样踏踏实实地干。他已经是一个改进了电话、发明了留声机、创造了不计其数的小奇迹的著名"魔术师"，但他是这样的人——一旦取得了成果，就把它忘掉，扑向下一个。用来做灯丝的材料，他尝试过炭化的纸、玉米、棉线、木材、稻草、麻绳、马鬃、胡子、头发等纤维以及铝和铂等金属，总共1600多种。那段时间，全世界都在等着他的灯丝。

经过一年多的艰苦研究，他找到了能够持续发光45小时的灯丝，在45个小时中，他和他的助手们神魂颠倒地盯着这盏灯，直到灯丝烧断，接着他又不满足了："如果它能坚持45个小时，再过些日子我就要让它烧100个小时。"

两个月后，灯丝的寿命达到了170小时。《先驱报》整版报道他的成果，用尽溢美之词："伟大发明家在电力照明方面的胜利"、"不用煤气，不出火焰，比油便宜，却光芒四射"、"十五个月的血汗"……新年前夕，爱迪生把四十盏灯挂在从研究所到火车站的大街上，让它们同时发亮来迎接出站的旅客，其中不知多少人是专门赶来看奇迹的，这些只见过煤气灯的人，最惊讶的不是电灯能发亮，而是它们说亮就亮、说灭就灭，好像爱迪生在天空中对它们吹气似的。有个老头还说："看起来蛮漂亮的，可我就是死了也不明白这些烧红的发卡是怎么装到玻璃瓶子里去的。"大街上响彻这样的欢呼："爱迪生万岁！"然而，爱迪生用这样的讲演使人们再次惊讶："大家称赞我的发明是一种伟大的成功，其实它还在研究中，只要它的寿命没有达到 600 小时，就不算成功。"

那以后，他在源源不断的祝贺信、电报和礼物中，在铺天盖地的新闻中，在说他正在把星星摘下来试验新的灯丝、说他发明了 365 层像洋葱一样可以一层层剥下来的不用洗的衬衣的神话中，以及在雪片般飞来的求购这种衬衣的汇款单中，默默地改进着灯泡，向 600 小时迈进，结果，他的样灯的寿命又达到了 1589 小时。

进取心是摆脱颓废的最佳手段。一旦形成不断自我激励、始终向着更高境界前进的习惯，身上所有的不良品质和坏习惯都会逐渐消失，个性品质中，只有被鼓励、被培养的品质才会成长，而消灭不良品质的最好方法就是消灭它们赖以生存的环境和土壤。人们通常很早就意识到进取心在叩响自己心灵的大门，但是，如果不注意它的声音，不给予它鼓励，它就会渐渐远离，正如其他未被利用的功能和品质一样，雄心也会退化，甚至尚未发挥任何作用就消失得无影无踪了。

即使最伟大的雄心壮志，也会由于多种原因受到严重的伤害。拖延、避重就轻的习惯都会严重地削弱一个人的雄心，影响一个人的雄心壮志。

如果你发现自己在拒绝这种来自内心的召唤、这种激励你奋进的声音，要留神，别让它越来越微弱以致消失，别让进取心衰竭。当这个积极的声音在你耳边回响时，一定要注意聆听它，它是你最好的朋友，它会指引你走向光明。

学会说"不"，改变现有的行为

学习狼的精神，就要学会说"不"。

改变现有的行为，就好像在修剪树木，这对于最终的结果相当重要。凡是在药品行业主持过研究开发的人可能会告诉你，真正有用的东西并不仅仅依赖于正确的计划，而取决于自己清楚该在什么时候，放弃那些没有达到自己预期的计划。开发一种新药品所需的时间和金钱是如此之多，很多主持研发项目的人，终其一生也不过就是进行了五、六个项目。可以想象，促使计划继续实施的压力会有多么大，而一旦发起者撤销一个项目，对于个人的伤害又会有多么严重。

然而，这样的决定非常有必要，不仅在药品研发上，而且在所有事情上都是如此。这样的决定，是将资源从过去的优先考虑中解放出来的唯一途径。

彼得·德鲁克是人类行为的细心观察者，他曾经反复强调：组织机构创新的最大障碍就是惰性，也就是不愿意放下昨天的成功，不愿意放下不再能创造成果的资源。他曾经将那些表现平平，我们却一直死死抱住不放的产品和商业活动称为"自我中心管理的投资"。德鲁克认为，解决的原则就是"系统放弃"，这也是杰克·韦尔奇 1981 年再建通用电气公司时所采用的方法。杰克·韦尔奇说："我们需要问自己一个彼得·德鲁克式的尖锐问题：'如果你尚未涉足这项业务，那么现在是否打算涉足呢？'如果答案是肯定的，那就回答第二个问题：'你打算怎么做呢？'"

　　人们不喜欢丢掉自己的原有"地盘"，不喜欢丢面子。他们往往陷入一种思维陷阱，也就是经济学家所说的"沉没成本"。沉没成本指一种时间和金钱的投资，只有在产品销售成功后这种投资才可顺利回收。在英语国家中，也被称为掉进排水沟里的钱。在许多的商业课程中，这个概念常常被提到，其中的道理非常重要，那就是：当决定是否进行投资的时候，你就必须忘掉自己过去的投资。你必须问自己：从此以后，我在金钱和时间上的投资是否都会得到良好的回报？

　　我们必须接受这种教育，因为我们很多人并没有完全理解这一点。多年以来，心理学家发现人们不喜欢改变自己已经作出的决定。现在，上述发现在行为经济学领域再次得到了证实。行为经济学主要探讨人们投资时的心理状态。不论是购买一只股票、开发一种新产品，还是聘用一位新雇员，类似的错误之间其实没有多大区别。

　　随着竞争的加剧，许多企业都在论证公司的投资决定是否是正确的。"沉没成本"原理帮助我们避免落入上述陷阱，让管理者避免继续将资金投入到不能带来收益的时候，必须比以往任何时候都要规范，否则他们就要浪费很多可以用来打造未来的资源。

　　同样艰难、重要的就是向那些更具诱惑的机遇说"不"，这些机遇可能导致资源从原来对完成该组织机构任务更为重要的方面偏离。下面这个决策原则，或许能帮助我们面对上述困境，那就是将这个机遇与其他相关的机遇进行评估比较，而不要单纯地说"好"或者"不好"。也就是说，不要问"这是不是一个好机会"，而是要问"这是不是一个最好的机会"。另外一个需要考虑的因素，就不仅仅是现金成本，还要考虑到随之而来的机会成本，因为别的选择同样需要耗费你的时间和精力。

过去 20 年来，营利机构逐渐明白任何一种行动都需要权衡、妥协。同样的原理也应用于非营利机构，只不过执行起来相对灵活一些。假设（正如经常发生的那样）一位实力雄厚的捐赠人打算给你一笔基金，而这笔基金却与你自己设定的目标并不一致，那么你会怎么做？约翰·索希尔曾经解释过美国自然保护组织为什么要谢绝数千万美元的一个人口项目，他说："你必须经常问自己，'我们资源有限，面对重大挑战，怎样才能有助于我们完成保护生物多样性的使命？'我们常常需要对那些看似紧迫，但是与我们的目标没有多大关系的计划说'不'。"

联想集团的做法也许值得学习。据《联想为什么》描述，当年柳传志制定战略，明确谈到"没钱赚的事不能干；有钱赚但是投不起钱的事不能干；有钱赚也投得起钱，但是没有可靠的人去做，这样的事也不能干"。多年来，联想的发展一直是稳健的，不冒进，也不跃进，相对于那些来势汹汹的后起之秀，譬如实达、同创，联想甚至显得有点"蔫"。但是，别的企业真"蔫"的时候，联想却仍然屹立不倒。

当然，并联想不是没犯过错误，网络上的投资就是败笔，但是，联想对"有所不为"比"有所为"显然更重视，觉醒也快。Fm365 网站的投资其实就是柳传志经常讲的"撒土"，撒到第二层，仍夯不实，不撒了。"在中国人的观念里，说'不'，承认错误，承认失败，总是难的。企业家选择做减法，譬如放弃某种业务，某个市场，无疑是剜心之痛。但是只要心脏跳动更有力，这种说'不'的行为，就当然可以被视为了不起。"胡涛博士总结，在他看来，当初万科放弃超市业务，专注房地产，使自己的口碑更好，而海尔贪多求快，把彩电、手机做成"鸡肋"，进退维谷，无疑是过于"托大"的表现。

美国西南航空公司的成功也为我们带来了弥足珍贵的启示。大的航空公司喜欢跑长线，利润高，西南航空便避开锋芒，专门开辟城市与城市之间的短线。航班多，准点起飞；不设座位号，随到随坐，先到先坐；不设餐饮，只提供一杯咖啡。这些的措施最终保证了西南航空公司的"一枝独秀"，即使在"9·11事件"之后航空业最艰难的时期也是如此。

相对于20年前创业的企业，现在的很多中小企业起点高，人员素质高，融资渠道也畅通很多。有钱又有做大事业的抱负，投资冲动自然也强。但是，无论如何，超越自己能力和资源的事总是不好拍板的，虽说投机也是一种投资，但是真要进入实际操作阶段，资源的投入，人的投入，都不是一蹴而就的事。

随着投资环境、市场竞争机制的日趋规范和透明，抵制诱惑，不盲目下赌的行为也许更为寻常。作为一个组织，集中资源做对组织贡献更大、更有价值的事，从而能减少犯错和横生枝节的代价，更容易接近成功的目标。

磨炼意志，保持旺盛的精力

忍耐是一种心理的状态，更是一种命运。狼族因为具有一种忍耐、战斗的心态，所以永远保持着旺盛的精力。"忍"在很大程度上不是忍气吞声，息事宁人，而是为了达到人生中的某种目的，避免感情用事的一种思想方法。因此，"忍"其实是一种人生智慧的力量。很多时候因为小地方忍不住，而坏了大事，这就非常不值得了。孔子告诉我们："小不忍则乱大谋。"

三国时的诸葛亮辅佐刘备，立志要收复中原。他六出祁山，攻打司马懿。但是司马懿总是不肯出来和诸葛亮对打。诸葛亮用尽了一切手段来羞辱司马懿，但是司马懿对诸葛亮的羞辱总是置之不理，就是不肯出来和诸葛亮打仗。每次都是等到诸葛亮所率的军队的粮食吃完了，自然就退兵回蜀国，战争就结束了。诸葛亮六次出兵祁山，每次都是无功而返，后来连唐朝的大诗人杜甫也为他惋惜说："出师未捷身先死，长使英雄泪满襟。"司马懿能忍，所以在国家大计上，没有被一代儒将诸葛亮打败。

因此，当遇到事时，千万要稳健，不要逞一时之快，而坏了大计。"小不忍则乱大谋"，不要因小失大！

从某种意义上说，忍耐是保全人生的一种谋略，因为"小不忍则乱大谋"，因为"风物长宜放眼量"。忍耐也是一种前进策略，就像战争中的防御和后退有时恰恰是取得胜利的一种必要条件。

忍耐不是一个抽象的概念，而是内涵丰富的一种谋略，忍耐不是消极沉默，而是蓄势待发。忍耐实质上是一种动态的平衡，当量积累到一定的时候，必然会发生质的转换。忍耐是意志的磨炼、爆发力的积蓄，忍耐是无奈时的明智选择，是暴风雨中彩虹的先兆。重要的是我们要耐得住寂寞、失落，甚至屈辱，从而等待和把握好进攻的最佳时机。

事物总是在不断地运动和变化的，机会存在于忍耐之中，对于垂钓者来说，最好的进攻方式就是忍耐。大丈夫志在四方，岂能为鸡毛蒜皮的小事而乱了大谋！春秋末期最后一个霸主越王勾践"卧薪尝胆"的故事也正好诠释了忍耐保全人生的要义。忍耐不是停止，不是逃避，不是无为，而是守弱、蓄积，迂回前进。当命运陷入无可掌控之时，就要心平气和地接纳这种弱势，坚强地忍耐。在守弱的基础上累积实力，一点点发奋图强，使自己慢慢脱离弱者的不利地位，适时出击，争取赢得新的成功机会。

懂得忍耐有利于成就事业，意气用事只会错失良机。面对别人的侮辱和伤害，我们没必要急急忙忙以一种对抗的方式来证明自己并非软弱可欺，因为有效地忍耐会使我们获得更多的收益。

以"忍"来体现个人的修养与才能的例子，在中国历史上有许多。如《淮阴侯列传》载韩信接受袴下之辱考验的故事：

淮阴屠中少年有侮信者，曰："若虽长大，好带刀剑，中情怯耳。"

众辱之曰："信能死，刺我；不能死，出我袴下。"于是信孰视之，俛出袴下，蒲伏。一市人皆笑信，以为怯。以韩信后来率领数十万兵马，指挥垓下之役的能力而论，杀此淮阴屠中少年本为易事。但因此而陷入四处藏匿的麻烦中，实在不值当。以韩信所怀大志，自然不肯与这屠中少年的性命来做交易，于是韩信宁肯受袴下之辱，而不因小失大。这正好表现出韩信坚毅能"忍"的个性。后来韩信在项羽手下不得重用，到了刘邦那里，差一点"坐法当斩"，萧何几次推荐，刘邦仍然犹豫不决，韩信都可忍耐下来，这正体现出他意志的坚定。被刘邦任命为大将军以后，他指挥作战，多次克服困难，包括行"陷之死地而后生"的险计，屡获战功，都可见过去所历磨难对他的益处。

韩信能忍受袴下之辱，不但不被人蔑视，反而为人所尊敬。韩信在做了楚王之后，"召辱己之少年令出袴下者以为楚中尉"，还对部下诸将相说："此壮士也。方辱我时，我宁不能杀之邪？杀之无名，故忍而就于此。"这便是他以忍求尊的智慧的体现。

忍耐是意志的磨炼、爆发力的积蓄，是用无声的奋斗冲破天罗地网，用无形的烈焰融化坚冰。在忍耐中拼搏，在忍耐中锲而不舍地追求，在忍耐中更深刻地感悟人生。"天才，无非是长久的忍耐！努力吧！"莫泊桑实践了福楼拜的这句赠言，最终成为世界文坛的一颗引人注目的明星。

忍耐是一种修养，既可以体现出人性的宽容，又可以反映一个人的素质。"小不忍则乱大谋"与"该出手时就出手"其实说的是两种境况，忍耐的限度很难界定，有时候，忍与不忍仅仅是一瞬间的选择。

每个人都有自己的生活方式和生活准则，而忍耐则是为人处世的一种学问。对于同一种境况，我们合理地利用忍，就有可能受到人们的称道，我们克制不住而不忍，就有可能受到人们的不耻。譬如，公共场合下被人踩脚或轻微撞一下是再也平常不过的事了，你如果不堪忍受而出口伤人或大打出手，那么你的"不忍"就会遭人唾弃。前些年，河南小伙孙天帅因无法忍受韩国老板要求下跪的屈辱而奋然反抗，他的"不忍"引起了人们的共鸣和称赞。

　　忍耐有时是一种痛苦的磨炼，历经炼狱般地折磨而铭刻于心。越王勾践的卧薪尝胆、孙膑被剜骨后的装疯卖傻，他们的忍耐是为了厚积薄发。

　　忍耐受到时间、场合、自身修养和人为因素的影响，忍耐的程度只能依靠个人把握。学会忍耐，我们就学会了宽容；学会忍耐，我们就学会了尊重；学会忍耐，我们就理解了奋斗的意义；学会忍耐，我们就会看到成功的曙光！